AF453400

PARAFOUDRES

ET

LIMITEURS DE TENSION

ENCYCLOPÉDIE ÉLECTROTECHNIQUE

PAR

UN COMITÉ D'INGÉNIEURS SPÉCIALISTES

———

L. LOPPÉ, INGÉNIEUR DES ARTS ET MANUFACTURES

SECRÉTAIRE

———

PARAFOUDRES

ET

LIMITEURS DE TENSION

PAR

Roger CHAVANNES

INGÉNIEUR

PROFESSEUR D'ÉLECTROTECHNIQUE A L'ÉCOLE DES ARTS ET MÉTIERS DE GENÈVE

ET

Élie LECOULTRE

INGÉNIEUR DE LA SOCIETA MERIDIONALE D'ELECTRICITA A NAPLES

———

PARIS

LIBRAIRIE DES SCIENCES ET DE L'INDUSTRIE

L. GEISLER, IMPRIMEUR-ÉDITEUR

1, Rue de Médicis, 1

———

1913

PRÉFACE

Le premier des auteurs du présent ouvrage tient à prévenir le
public que, n'ayant pas eu la prétention d'écrire une œuvre originale
sur le sujet si souvent traité des parafoudres, il lui avait d'abord
paru utile de citer ses sources. Au dernier moment il y a renoncé,
à cause de l'abondance de la bibliographie, qui aurait rempli plusieurs
pages sans être complète. Dans ce grand nombre de documents
décrivant un nombre plus grand encore d'appareils divers, il a dû
forcément faire un choix. On trouvera ci-après décrits des appareils
très connus, et d'autres qui le sont moins. Des modèles récents ont
dû être laissés de côté, soit parce que les renseignements manquaient
à leur sujet, soit à cause de la collaboration de l'auteur à leur
construction.

Nous avons rencontré la plus grande complaisance de la part des
fabricants, qui nous ont donné libéralement renseignements et clichés.
Mentionnons en particulier les Ateliers de Construction d'Oerlikon,
la Société d'Electricité Alioth, l'Allgemeine Elektricitäts-Gesellschaft
de Berlin, la Compagnie Française pour l'Exploitation des procédés
Thomson-Houston, la Société Siemens-Schuckert, la Société des
Condensateurs de Fribourg, la Land- und Seekabelwerke Köln-Nippes,
la Compagnie de l'Industrie Electrique et Mécanique à Genève,
Ingénieurs L. Magrini, Bergame, etc.

Nous devons aussi des remerciements à M. Droz, ingénieur de la
Compagnie de l'Industrie Electrique, qui a bien voulu revoir la partie
mathématique de notre ouvrage.

La technique de la protection des lignes contre les surtensions
a fait des progrès sensibles depuis 25 ans ; mais il serait hasardé de
dire qu'il n'en reste plus à faire. Nous nous souvenons du temps
où les exploitations arrêtaient leur fonctionnement pendant les
orages. Nous avons eu à réagir contre cette tendance, au cours des
premières années de notre carrière déjà longue, et nous étions considéré comme trop hardi, quand nous donnions l'ordre de continuer la

marche après les multiples incidents que causait la foudre. Cet entêtement nous a amené à l'étude, toujours poursuivie depuis lors, des parafoudres, et surtout nous a démontré l'opportunité de l'élimination d'un très grand nombre de modèles.

Nous eûmes l'occasion, au Congrès de Genève 1896, de faire connaître quelques résultats qui pouvaient se résumer ainsi : pas de self dans les lignes de terre, mais de la résistance. Aujourd'hui il est facile, grâce à la télégraphie sans fil qui a rendu familière la transmission des ondes, de donner un corps à la théorie des surtensions et de parer à leurs conséquences pour les installations industrielles et autres. Il y a lieu cependant de se méfier des résultats simplistes que donne une théorie qui néglige l'amortissement. Elle a le seul avantage de frayer la voie aux études plus complètes, que nous donnera sans doute un avenir prochain.

Genève, mars 1912.

PARAFOUDRES
ET
LIMITEURS DE TENSION

Introduction

Les parafoudres et limiteurs de tension sont des appareils destinés à protéger les stations génératrices et réceptrices, et quelquefois les lignes, contre les surtensions de toute nature qui peuvent se produire dans le réseau.

On nomme *surtension* le phénomène en vertu duquel la différence de potentiel entre deux points voisins d'une ligne ou d'une machine, ou encore la différence de potentiel entre une ligne et la terre, se trouve accidentellement portée à une valeur dépassant la valeur normale de régime.

Les surtensions peuvent être dues à des causes *internes* ou *externes*.

Les *surtensions internes* dépendent uniquement des réseaux et de leurs conditions d'exploitation.

Les *surtensions externes* sont indépendantes des réseaux et sont dues à des modifications de l'état électrique du milieu dans lequel se trouvent placées les lignes.

Surtensions d'origine interne

Les surtensions de cette nature sont :

1º Celles qui proviennent des variations de charge des machines ;

2º Celles qui proviennent des phénomènes de résonance ;

3º Celles qui ont pour cause l'effet dit « Ferranti » ;

4º Celles qui sont causées par les chutes ou élévations de tension dues aux variations de charge des génératrices et à leur variation de vitesse. Nous ne nous occuperons pas de cette classe de surtensions, et supposerons que pratiquement la tension des générateurs est constante.

1° *Surtensions dues à des variations de charges.*

Ces surtensions sont, pour un réseau donné, fonction de la variation de charge et de la durée de la variation. Le taux de variation est maximum dans le cas de l'*ouverture* ou *fermeture brusque d'un circuit.*

A. *Ouverture brusque.*

De nombreux auteurs se sont efforcés de trouver une formule donnant la valeur de la surtension à l'ouverture brusque d'un circuit de capacité C et de self-induction L.

D'après Kennely la surtension serait :

$$E'_{max} = I_o \sqrt{\frac{L}{C}}.$$

Cette formule peut aussi s'écrire :

$$\frac{CE_m'^2}{2} = \frac{LI_o^2}{2}$$

ce qui montre qu'elle suppose que toute l'énergie magnétique $\dfrac{LI^2}{2}$ est transformée en énergie électrique. Elle ne rend pas compte ainsi d'une façon complète du phénomène. Il suffit, pour s'en convaincre, de supposer le circuit de capacité extrêmement petite : toute rupture instantanée d'un tel circuit devrait provoquer une surtension infiniment grande, ce que l'expérience ne confirme pas.

Toute théorie basée sur le simple terme $\sqrt{\dfrac{L}{C}}$ participe de ce désaccord entre elle et la pratique.

Le Dr *G. Seibt*, tout en conservant la manière générale de voir de Kennelly, a donné des formules qui tiennent compte de la perte d'énergie qui se produit toujours dans la transformation de l'énergie magnétique en énergie électrique (E. T. Z., *t* XXVI). Cette perte se nomme l'*amortissement*, et est due à deux causes différentes sur lesquelles nous reviendrons.

D'après Seibt, la tension maximale sans amortissement serait donnée par :

$$E'_{max} = \sqrt{E_o^2 + \frac{L}{C} I_o^2},$$

qui peut aussi s'écrire :

$$C \left(\frac{E'^2_{max} - E_o}{2} \right) = \frac{LI_o^2}{2},$$

formule qui ne diffère de celle de Kennelly que par le terme $C \dfrac{E_0^2}{2}$,
qui tient compte du potentiel existant lors de la rupture du circuit.

En tenant compte de l'amortissement, la tension à l'instant t serait, d'après Seibt :

$$E_t = e^{-\alpha t} \sqrt{E_0^2 + \frac{L}{C} I_0^2} \cos (\omega t - \alpha),$$

où ω représente la *période d'oscillation propre* du système. Cette tension est donc *oscillatoire* et *amortie*. A l'instant initial on a :

$$E_t = E_0,$$

ce qui donne pour $\cos \alpha$:

$$\cos \alpha = \frac{E_0}{\sqrt{E_0^2 + \dfrac{L}{C} I_0^2}} \cdot$$

La tension maximale est atteinte quand :

$$\frac{dE}{dt} = 0,$$

autrement dit quand :

$$\operatorname{tg} (\omega t - \alpha) = -\frac{\beta}{\omega},$$

où :

$$\beta = \frac{R}{2 L} \quad \text{et} \quad \omega = \sqrt{\frac{1}{cL} - \beta^2}$$

c'est-à-dire après un temps :

$$t = \frac{1}{\omega} \operatorname{arc} \operatorname{tg} \left(-\frac{\beta}{\omega} \right) - \alpha.$$

La somme des pertes est, en appelant R la résistance ohmique, p_1 les pertes par hystérésis, p_2 les pertes par courants parasites et ω_1 la périodicité du courant industriel.

$$RI^2 + \frac{\omega}{\omega_1} p_1 + \left(\frac{\omega}{\omega_1} \right)^2 p_2,$$

en négligeant la perte par rayonnement.

Comme exemple d'applications, Seibt prend le cas d'un transformateur de 300 kw alimenté à 6.000 v par un câble de 5 km. ayant 0,2 microf. par kilomètre. Ce transformateur a 1,1 % de perte par hystérésis, 0,3 % par courants parasites, et 1,5 % de pertes dans le cuivre. A vide il dépense 2 % du courant de pleine charge ($\cos \varphi = 0,8$). La chute de tension inductive est de 3 % et $f = 50$. On a donc $I = 62,5$ à pleine charge et 1,25 à vide. La self du transformateur $= \dfrac{6.000}{314 \times 1,25} = 15,29$ et $C = 1$ microfarad.

Avec l'interruption du courant à vide il n'y a pas de surtension. En charge non décalée la tension maximum monte à 13.820 v, sans tenir compte de l'amortissement.

Si la charge est constituée par un moteur asynchrone caractérisé par $\cos \varphi = 0,8$, perte hystérésis 1,4%, Foucault 0,6 %, chute ohmique 1,5 %, la période propre du système monte à 6.720 sans tenir compte de l'amortissement et 6.620 en en tenant compte. La tension maximum sera 40.000 et 33.100 v, du côté du transformateur. Du côté du générateur les surtensions sont plus faibles, malgré la présence de la tension d'exploitation, car l'énergie à dissiper ne résulte que de la différence de la self en charge et à vide. (*Revue Électrique*, III, 30 mars 1905).

La formule pratique à laquelle Seibt s'arrête pour la tension maximum d'un circuit non amorti est :

$$E'_{max} = \sqrt{E_0{}^2 + \frac{2\,EI}{\omega C} \sin \varphi}.$$

Cette formule n'est qu'une simple transformation de :

$$E'_{max} = \sqrt{E_0 + \frac{L}{C} I_0{}^2}$$

car $L = \dfrac{E \sin \varphi}{I \omega}$ où E est la tension d'exploitation et φ le décalage.

M. de Montmollin a donné dans le *Bulletin* n° 4 de l'*Association Suisse des Électriciens*, 1910, une étude des surtensions internes dont nous extrayons ce qui suit :

Le courant de décharge est décalé par rapport à la tension de décharge d'un angle dont la tangente est :

$$\operatorname{tg} \alpha = \frac{\omega}{\beta},$$

où ω représente la périodicité de la pulsation libre et β la constante d'amortissement du réseau :

$$\beta = \frac{R}{2\,L} \qquad\qquad \omega = \sqrt{\frac{1}{CL} - \beta^2}$$

$$\operatorname{tg} \alpha = \sqrt{\frac{4L}{R^2 C} - 1}.$$

Lors de l'interruption d'un *courant continu* la tension maximale atteinte est :

$$E = I \sqrt{\frac{L}{C}}\, e^{\,-(\pi - \alpha)\, \mathrm{cotg}\, \alpha}.$$

Lors de l'interruption d'un *courant alternatif* d'intensité I, décalé dans le circuit d'utilisation d'un angle φ par rapport à la tension génératrice U on aura pour le voltage maximum atteint :

$$E = \sqrt{2}\, I \sqrt{\frac{L}{C}} \cdot e^{\,-(\pi - \alpha)\, \mathrm{cotg}\, \varphi},$$

ou :

$$E = \sqrt{2}\, U \frac{\cos \varphi}{2 \cos \alpha}\, e^{\,-(\pi - \alpha)\, \mathrm{cotg}\, \alpha}.$$

La valeur du terme qui multiplie $\sqrt{2}$ U est plus grande que 1, avec $\cos \varphi = 1$, si $\alpha > 73°$.

Pour $\alpha = 73°$ tg $\alpha = 3,274$ et $\dfrac{L}{R^2 C} = 2,94$.

Toutes les théories dont il vient d'être question supposent la rupture du circuit absolument instantanée. En pratique il n'en est pas ainsi, à cause de l'arc de rupture. Les formules donnent donc une *limite supérieure* de la surtension.

Il est à remarquer que plus la pulsation propre d'un circuit est élevée plus grande sera la surélévation de tension à l'interruption.

Une augmentation brusque de charge peut provoquer les mêmes surtensions que la diminution brusque. Cette augmentation dépend de l'instant où est clanché l'appareil d'utilisation. En clanchant un transformateur au moment du courant maximum la valeur instantanée du courant est considérable, le transformateur se comporte comme une capacité à faible résistance pendant le temps qui suit immédiatement le contact.

2° *Surtensions par résonance.*

Les surtensions peuvent encore se produire sans variation brusque de charge, par résonance. Rappelons brièvement en quoi consiste ce phénomène.

Les alternateurs donnent, outre la f. e. m. principale sinusoïdale, des f. e. m. de périodes plus courtes provenant de la division des bobines induites en bobines partielles d'ouvertures différentes et du fait que le flux inducteur n'est pas lui-même sinusoïdal. La f. e. m.

résultante a donc l'allure de la somme des sinusoïdes de périodes différentes, dont les rapports sont la suite des nombres impairs.

La période propre du circuit est sans cesse variable. Si sa valeur atteint à un moment donné celle d'une des harmoniques existantes elle vient en concordance de phase avec celle-là ; il y a résonance. La f. e. m. résultante peut alors présenter des maxima plus grands que la valeur normale. L'étude des résonances a été faite à diverses reprises. Signalons entre autres les articles de G. Chévrier dans l'*Eclairage Électrique*, publiés en brochure en 1904.

Il serait dangereux de vouloir porter remède aux surtensions permanentes amenées par les résonances du réseau au moyen de limiteurs de tension. Il existe des remèdes plus simples et plus sûrs qu'il n'y a pas lieu d'examiner ici. Il se peut que des limiteurs installés pour d'autres motifs se mettent à fonctionner par suite des tensions élevées que peuvent donner les résonances. On reconnaît en général ces sortes de décharges à ce qu'elles se produisent dans des conditions déterminées de charge.

3° *Effet Ferranti.*

La surélévation de tension à l'extrémité de longs câbles, ou de longues lignes aériennes à tensions élevées, pendant la charge à vide, a été souvent observée. On a nommé ce phénomène *effet Ferranti*. La théorie résulte de la simple composition des f. e. m. de self et de capacité. Voir *Leçons d'Electrotechnique Générale*, de P. Janet, t. II, 1905, p. 65 et l'*Encyclopédie Electrotechnique*, 26° fascicule, Lignes Aériennes, par P. Bergeon, p. 75.

Mentionnons en passant la surtension qui existe dans les câbles concentriques par le fait de la coupure entre la source et le conducteur extérieur, laissant subsister la communication entre l'âme intérieure et la source à travers les récepteurs. Voir l'*Encyclopédie Electrotechnique*, fascicule n° 5, Induction, par E. Vigneron, p. 132.

Surtensions d'origine externe

Les surtensions d'origine externe sont, comme nous l'avons vu, indépendantes des réseaux et sont dues à des modifications de l'état électrique de l'air. Elles peuvent se subdiviser en quatre classes :

1° Surtensions dues à des variations lentes du potentiel de l'air par suite de différences de températures ou d'état hygroscopique ;

2º Surtensions induites par le passage de nuages chargés statiquement ;

3º Surtensions à haute fréquence induites par les décharges oscillantes entre nuages ou entre nuages et terre ;

4º Décharges directes du nuage sur la ligne.

1º *Charges statiques lentes.*

Les lignes aériennes qui franchissent des différences de niveau importantes sont quelquefois le siège de ces charges lentes, qui se répartissent uniformément sur toute la ligne. Quand la différence de tension par rapport à la terre est devenue suffisante, une décharge disruptive a lieu en un point faible du circuit. Ce point est en général une machine ou un parafoudre.

Steinmetz a étudié la décharge en supposant une ligne simple, à un fil, isolée sur toute sa longueur, et mise brusquement à la terre par une extrémité.

C'est, ainsi que nous le verrons plus tard, le problème de l'oscillation linéaire.

Soient :

l la longueur en kilomètres ;

r la résistance kilométrique ;

ωL la réactance kilométrique ;

g la conductance kilométrique (inverse de la résistance d'isolement) ;

ωC la susceptance de capacité par kilomètre ;

x la distance à partir de l'origine ;

K un des nombres entiers de la suite des nombres 0, 1, 2, 3, etc.

La décharge est oscillante tant que la résistance de la ligne est inférieure à la résistance critique. Quand $x = 0$ (origine de la ligne), la tension à cette origine descend à zéro au commencement du contact avec la terre, et l'intensité de décharge est maximum en ce point. Si la périodicité est élevée on peut admettre que la résistance est négligeable devant la réactance et la susceptance. Négligeant encore la conductance, soit en supposant nulles les pertes le long de la ligne, Steinmetz arrive aux équations :

$$E = \frac{4l}{(2K - 1)\,\pi} \sqrt{\frac{L\overline{l}}{Cl}}\; A \sin \frac{(2K + 1)\,\pi}{2}\,\frac{x}{l} \cos \frac{(2K - 1)\,\pi}{2}\,\frac{t}{\sqrt{l^2 CL}}$$

$$I = \frac{4l}{(2K + 1)\,\pi} \cdot A \cos \frac{(2K + 1)\,\pi}{2}\,\frac{x}{l} \sin \frac{(2K - 1)\,\pi}{2}\,\frac{t}{\sqrt{l^2 CL}}$$

donnant le potentiel et l'intensité en fonction du temps, en un point quelconque de distance x de l'origine.

On voit que E et I sont décalés d'un quart de période, et que la fréquence est multiple.

L'onde fondamentale est donnée par $K = 0$ et les ondes suivantes par $K = 1$, $K = 2$, etc.

La capacité de la ligne est lC et la self lL.

Le nombre des points où le courant est nul dans la ligne est égal à 1 avec $K = 0$, à 2 avec $K = 1$, et en général égal à $K + 1$.

La fréquence sera :

$$f = \frac{2K + 1}{4l\sqrt{CL}}.$$

En remplaçant C et L par leurs valeurs, pour un fil de ligne placé au-dessus du sol, on trouverait que :

$$f = C_{\text{oeff.}} \frac{2K + 1}{l}$$

indépendant de la dimension du fil et de sa hauteur au-dessus du sol, et dépendant seulement *de la longueur*.

La fréquence est donc multiple et fonction seulement de la longueur par un fil unique isolé du sol. La formule suppose qu'au moment de la décharge toute la ligne était au même potentiel.

Nous reviendrons ultérieurement sur la question de l'oscillation libre, ainsi que sur la validité des équations de Steinmetz.

2° *Induction due au passage de nuages chargés statiquement.*

Quand la charge a de lentes variations nous aurons qualitativement les mêmes phénomènes que dans le premier cas, à la condition que le nuage et la ligne soient de même ordre de grandeur et que la mise à la terre ait lieu par un trajet d'étincelle.

On peut supposer que le nuage soit au contraire très petit par rapport à la ligne, qu'on peut même admettre de longueur indéfinie. La ligne se charge alors par influence statique, sur une certaine longueur, en sens contraire du nuage. Une charge égale s'écoulera de chaque côté de la ligne.

Pour ramener l'étude au cas le plus simple on peut, avec A. Russel (*Théorie des Courants Alternatifs*, IIe vol., p. 525), faire l'hypothèse qu'une ligne à deux conducteurs est chargée subitement sur une certaine longueur par deux charges égales et contraires et que la cause de la charge disparaisse aussitôt.

Si R et L sont la résistance et l'inductance par unité de longueur, v la vitesse de propagation, t le temps, F_1 et F_2 des fonctions de la distance x mesurée sur la longueur de la ligne, $\tau = \dfrac{R}{L}$ la constante de temps, e la f. e. m. entre deux points de la ligne au point x, on a :

$$e = \frac{1}{2}\, E^{-\frac{t}{\tau}}\, F_1\,(x - vt) + E^{-\frac{t}{\tau}}\, F_2\,(x + vt),$$

E = base des logarithmes népériens.

La formule représente le mouvement des charges, qui, se partageant sur chaque fil en deux demi-charges, se propagent avec la vitesse v. Cette vitesse serait celle de la lumière pour $\tau = \infty$ ou R = 0. L'amplitude de l'onde est sans cesse décroissante par la perte d'énergie amenée par la résistance. Cette amplitude tend donc rapidement vers zéro.

Si les conducteurs ne sont pas infinis, mais se rejoignent (fin de la ligne), les deux ondes positives et négatives qui marchent de front se rencontrent et se croisent. Si elles étaient de même sens et égales la valeur de e doublerait et i serait zéro. Si elles sont de sens contraires c'est l'inverse.

Si les conducteurs sont finis, sans se rejoindre (circuit ouvert), l'onde revient en arrière. Elle est *réfléchie.*

L'étude plus complète des ondes électromagnétiques et celle des surtensions à haute fréquence qui en découle fera l'objet d'un chapitre spécial.

3° *Décharges directes ou foudroiements.*

Les exemples en sont relativement rares, sauf sur certaines lignes. La conséquence la plus fréquente des foudroiements consiste dans le bris des poteaux en bois et la casse des isolateurs. En général un certain nombre de poteaux consécutifs subissent la décharge. Il est arrivé que des poteaux de bois ont éclaté de telle façon qu'il n'en subsistait que des éclats de la taille d'une allumette.

La propagation par la ligne des décharges directes est souvent assez limitée comme longueur.

La protection au moyen des poteaux-paratonnerres est efficace ; mais comme il en faudrait à chaque poteau on a recours aux fils de garde auquel nous consacrerons un chapitre.

La protection contre les causes extérieures de surtensions est obtenue par les *parafoudres.* Celle qui a pour but d'éliminer les causes internes a recours aux *limiteurs de tension.* La distinction de ces appareils entre eux n'est pas toujours nette et ne réside souvent qu'en une question de montage.

Les Parafoudres

Les limiteurs et autres appareils

Ces appareils servent à protéger les machines et appareils dont l'isolation est en général moindre que celle des lignes aériennes, et qui constituent par conséquent des points faibles. On crée donc un point plus faible encore, intercalé entre l'objet à protéger et la ligne, de manière à éliminer la surtension par décharge.

Il n'est pas possible de supprimer les surtensions externes, et comme il est difficile d'empêcher les brusques variations de régime il est tout aussi difficile d'éliminer les surtensions qui en résultent. Les parafoudres ne peuvent que chercher à rendre inoffensives ces surtensions.

Signalons cependant les recherches ayant pour but d'amortir les surtensions de nature oscillante, et en particulier l'étude présentée au Congrès d'Électricité de Turin, par M. G. Campos. Cet ingénieur, considérant que les surtensions de nature oscillante se propagent surtout par la surface des conducteurs, propose de les étouffer en les amortissant. Il suffirait pour cela de recouvrir les conducteurs d'une couche de métal de haute résistance.

Comme l'amortissement par effet Joule n'est qu'une partie de l'amortissement, l'autre étant constitué par le rayonnement, on ne peut guère espérer obtenir un effet complet. Cependant l'essai vaut la peine d'être tenté. Les conducteurs en cuivre se recouvrent au bout d'un certain temps d'une couche d'oxyde résistant qui crée déjà un milieu favorable à l'amortissement. Il faudrait faire mieux. La maison Lazare-Weiler et Cie a fabriqué des conducteurs bi-métalliques à âme de fer et gaine de cuivre. On pourrait faire l'inverse, ou avoir recours à d'autres combinaisons : cuivre étamé, zingué, nickelé, etc., etc.

Un autre système d'amortissement a été proposé, qui consiste à insérer sur le conducteur un transformateur en série dont le secondaire est fermé sur une résistance ohmique. On peut aussi, ce qui revient au même, employer une bobine de self avec fer en mettant en court-circuit une partie des spires et obtenir ainsi une absorption d'énergie qui croît avec la fréquence.

Le moyen le plus usuel de protection contre les surtensions consiste à conduire ces dernières à la terre considérée comme étant au potentiel zéro. Il faut que cette mise à la terre n'ait pas pour résultat d'amener la décharge continue de l'énergie produite par les machines génératrices, d'où l'obligation d'avoir un parafoudre doué de propriétés interruptrices.

Si le parafoudre doit laisser passer à la terre un courant proportionnel à la différence existant entre la surtension et la tension normale, il faut qu'il comprenne une f. e. m. Avec le courant continu le moyen est simple sinon économique et consiste dans l'installation d'une batterie d'accumulateurs avec un pôle à la terre. C'est un excellent parafoudre. Avec le courant alternatif ce moyen n'est plus applicable.

Il est impossible de trouver un moyen de protection efficace contre toutes les surtensions, quelle que soit leur nature, exception faite de la batterie qui vient d'être citée.

Pour des surtensions à haute fréquence il ne faudrait laisser passer que cette fréquence à l'exclusion de la fréquence industrielle. Mais l'appareil qui aura cette propriété ne protégera pas contre les surtensions de basse fréquence qui peuvent avoir une origine externe ou interne.

D'autre part tout appareil qui sera pourvu d'une distance explosive risque de provoquer au moment de son fonctionnement une décharge oscillante si le circuit de décharge possède une résistance suffisamment faible.

Pour une ligne à courant alternatif on pourra obtenir une protection efficace contre les charges statiques en employant un appareil doué d'une très grande self, lequel sera pourtant un obstacle à toute décharge oscillante.

Le problème est donc complexe. Nous l'aborderons en répartissant les moyens employés dans la classification suivante, dont nous ne nous dissimulons pas l'arbitraire :

CHAPITRE PREMIER

Appareils
réalisant une mise à terre continue

Pour éliminer les surtensions statiques qui peuvent se produire sur les lignes il paraît naturel de les relier à la terre à travers une résistance suffisante pour qu'en régime normal la dépense de courant soit très faible. On évitera de cette manière toute accumulation lente de charge statique.

Dans les accumulations rapides il faut que l'écoulement de la charge le soit aussi, et que par conséquent le débit de la dérivation à la terre soit suffisant.

Il y a une certaine analogie entre la décharge à obtenir et le débit d'un trop-plein de réservoir, suffisant pour protéger contre de faibles dénivellations, mais qui peut ne pas l'être en cas de vagues puissantes.

Il faudrait que le fonctionnement de l'appareil rappelât plutôt celui d'une soupape de sûreté dont la section de passage est proportionnelle à la surpression. De là l'idée des soupapes électrolytiques, que nous reverrons plus loin.

Une mise à terre continue à travers une résistance ne peut donc pas, sans autre, protéger efficacement contre de fortes surcharges brusques ou contre des surtensions oscillatoires. Il peut paraître utile de faire intervenir un contact entre liquide et métal. Dans ce cas, en effet, on intercale non seulement une résistance; mais une capacité. Le contact eau-métal joue un peu le rôle d'une soupape d'un très faible poids.

Les liaisons des lignes à une nappe d'eau par contact de faible surface sont presque aussi anciennes que l'emploi du courant alternatif. Un des auteurs en a fait une application, il y a bientôt 20 ans, sur une des premières transmissions triphasées suisses.

La résistance intercalée doit être naturellement élevée. Si on voulait, par exemple, limiter la perte d'énergie à 1 % de celle fournie à la ligne il faudrait dans le cas d'une transmission triphasée de 1.000 kw à 10.000 volts trois liaisons à la terre de 10.000 ohms, débitant chacune 0,58 A.

Du reste le courant qu'il convient de laisser passer à la terre dépend moins de l'énergie à transmettre que de la tension ; une mise à la terre continue sera donc beaucoup plus économique — à tensions égales — dans une grande centrale que dans une petite. La résistance doit en outre présenter une self-induction aussi faible que possible ; les charges statiques qu'il s'agit surtout d'écouler à la terre ont, il est vrai, une fréquence très basse, et pourraient traverser sans difficulté des inductances assez élevées, mais l'appareil de mise à terre continue sans self donnera aussi passage aux décharges oscillatoires, pour lesquelles une self opposerait un obstacle pernicieux.

On a cependant proposé, pour limiter les pertes d'énergie, de relier à la terre les lignes à travers de fortes selfs. En cas de lignes triphasées il suffit de lier à la terre le point neutre des transformateurs. L'expérience semble montrer que la protection ainsi obtenue n'équivaut pas à celle que donnent les liaisons par résistance sans self, sauf pour les surtensions réellement statiques de fréquence nulle. Pour réaliser économiquement une forte résistance on a souvent recours à l'eau. On y gagne le petit effet de soupape signalé. L'emploi des appareils à eau est cependant limité en général aux courants alternatifs pour lesquels précisément cet effet de soupape (ou capacité) peut apparaître.

On a employé des quantités de formes de résistances liquides. La plupart se servent de la circulation de l'eau pour maintenir le niveau constant, empêcher le gel, et surtout maintenir la température et par conséquent la résistance.

Quand on ne dispose pas d'eau courante on peut employer un réservoir à la terre communiquant avec des tubes métalliques ou isolants, à niveau constant, dans lesquels plongent les fils communiquant avec les fils de ligne. Diverses dispositions assurent la circulation de l'eau en contact avec le courant pour assurer son échange avec celle du réservoir. Lors de fortes décharges l'eau peut être violemment chassée hors des tubes et même les briser si l'échappement des vapeurs n'est pas facile.

Quand on a de l'eau courante on peut disposer les tubes de manière à ce qu'un courant d'eau y circule, ou déborde autour (Brown-Boveri),

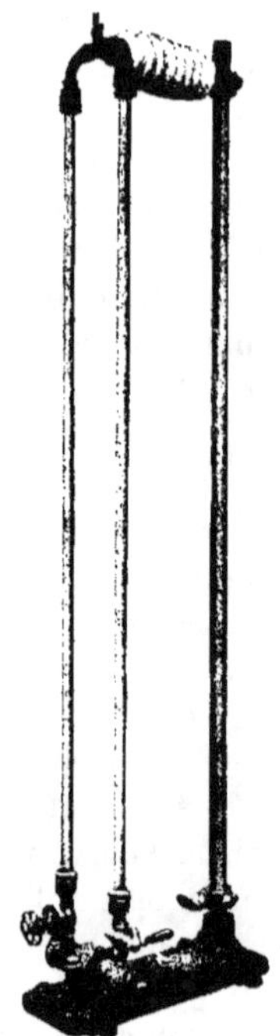

Fig. 1. — Parafoudre à circulation d'eau Oerlikon.

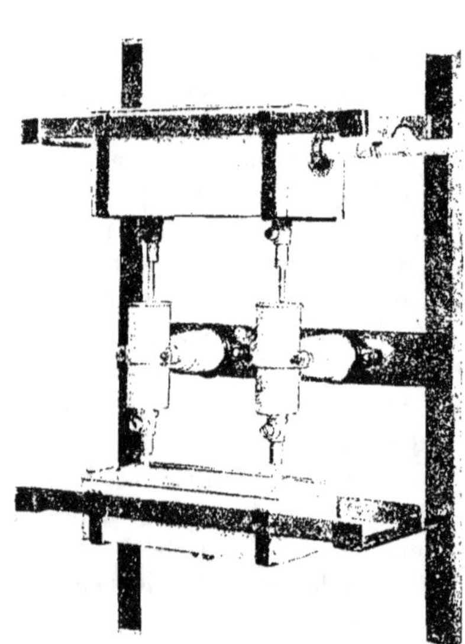

Fig. 2. — Parafoudre a jet d'eau Alioth.

ou s'écoule par un déversoir en jet (dispositif employé dès 1895, à l'Usine de Chênes, à Genève), ou s'échappe en nappes (Alioth) ou en jet d'eau (A. E. G.) (Oerlikon).

Nous donnons ici les clichés de quelques parafoudres à eau de divers constructeurs (fig. 1, 2, 3 et 4).

Quand on n'a pas d'eau courante on peut installer un réservoir supérieur où l'eau écoulée est pompée par une petite pompe centrifuge actionnée par un moteur électrique.

Dans le modèle Siemens-Schuckert, la partie en communication avec la ligne forme un entonnoir qui reçoit un jet tombant d'un réservoir supérieur relié à la terre. Un second jet tombe de l'entonnoir dans un second réservoir inférieur également relié à la terre (fig. 3). Un ampèremètre inséré sur un des pôles permet de se rendre compte de la perte d'énergie.

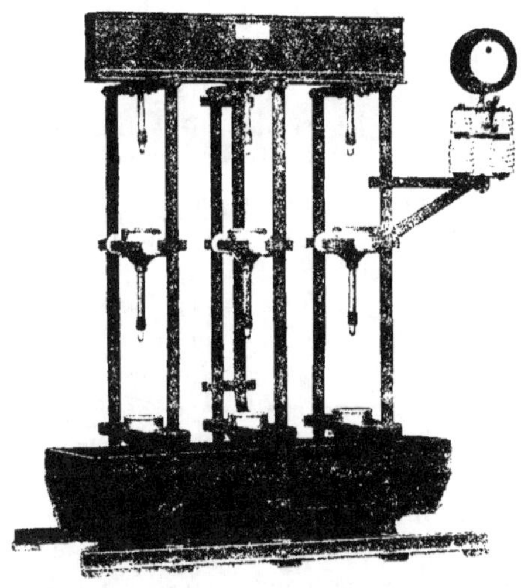

Fig. 3. — Parafoudre à jets d'eau de Siemens-Schuckert.

Quand l'eau est particulièrement résistante, c'est-à-dire froide et pure, on installe sur chaque pôle deux jets parallèles.

Dès que le jet est discontinu l'étincelle apparaît dans le jet.

Ces appareils n'ont, sauf erreur, pas été employés avec le courant continu. Avec l'alternatif on n'observe pas d'usure sensible des pièces métalliques en contact avec l'eau.

La Société A. E. G. donne le tableau suivant pour la résistance à jet d'eau :

TENSION	Ampères	Ohms	Kw absorbés en courant triphasé	Hauteur minimum du jet d'eau
Volts				cm
4.400	0,25 – 0,08	10 – 32.000	2 – 0,6	12
8.250	0,16 – 0,08	30 – 60.000	2.3 – 1,2	15
13.000	0,15 – 0,07	50 – 110.000	3.4 – 1,6	20
17.000	0,14 – 0,06	70 – 170.000	4,1 – 1,8	25
22.000	0,13 – 0,05	180 – 250.000	5,0 – 1,9	50
33.000	0,12 – 0,04	150 – 480.000	6,8 – 2,3	15
44.000	0,10 – 0,04	250 – 640.000	7.7 – 3.0	20
55.000	0,09 – 0,035	360 – 900.000	8.6 – 3.4	25
77.000	0,08 – 0,03	550–1.500.000	10.7 – 4,0	35

Selon la composition chimique de l'eau employée, la résistance spécifique varie dans de larges proportions. Le tableau ci-dessus est calculé en admettant un jet d'eau d'un centimètre carré de section dont la résistance est comprise entre 1.000 et 5.000 o par centimètre de longueur. Pour régler pratiquement le débit d'un parafoudre à jet d'eau, on insère un ampèremètre sur le circuit de chaque jet et l'on fait varier la quantité d'eau.

Le parafoudre à jet d'eau a donné en général de bons résultats pratiques et semble protéger les machines et appareils d'une manière efficace contre les surtensions statiques. Ce parafoudre a l'inconvénient d'absorber une certaine quantité d'énergie, qui dépend, comme nous l'avons dit plus haut, non de l'énergie totale de l'installation, mais de la tension. Son emploi est par conséquent limité aux centrales et sous-stations importantes pour lesquelles l'énergie écoulée à terre à travers le parafoudre n'est qu'une fraction minime de l'énergie totale.

Pour les basses tensions on emploie aussi comme mise continue à terre des résistances de carborundum et aussi des résistances métalliques en général noyées dans l'huile pour en assurer le refroidissement. On a souvent, ces dernières années, remplacé les parafoudres à jet d'eau ou à circulation d'eau par des bobines de self-induction à très forte réactance. La construction de ces bobines de réactance ne présente de difficultés que lorsqu'il s'agit de très hautes tensions (voir figure 6).

Plusieurs réseaux à 30.000 et 40.000 v en ont été cependant pourvus récemment, et ces appareils fonctionnent très régulièrement, à condition que d'autres soient là pour écouler les charges oscillantes.

Des réseaux de faibles longueurs peuvent quelquefois être protégés d'une manière efficace par les seuls parafoudres à résistance liquide. Ils ne le seraient plus si ces résistances présentaient une self. A cet

Fig. 4. — Parafoudre à cloches d'eau Alioth.

égard il est important que dans les installations de protection on évite toute ligne à contours brusques. L'oubli de cette règle a parfois fait condamner de bons appareils limiteurs, alors que la faute résidait dans les connexions et lignes de terre qui présentaient par leurs sinuosités des selfs sensibles.

Pour les charges statiques la bobine de self a l'avantage de consom-

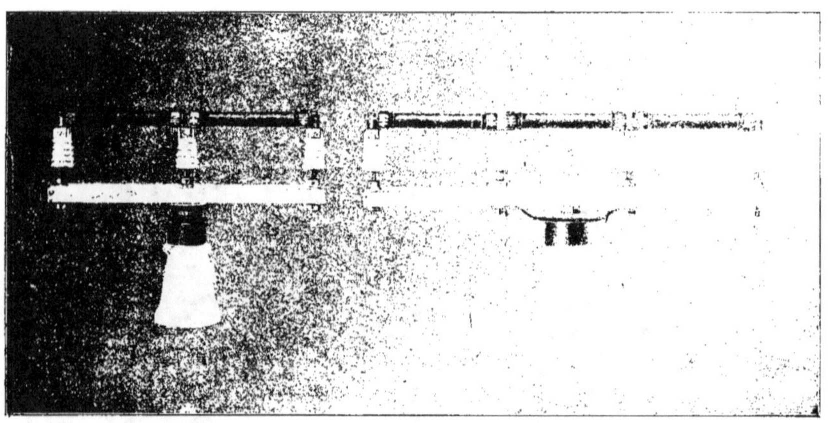

Fig. 5. — Résistance de carborundum.

mer beaucoup moins d'énergie que le jet d'eau, mais l'inconvénient de ne pouvoir être appliqué qu'au courant alternatif.

Fig. 6. — Bobine pour l'écoulement des charges statiques à la terre.

Il faut éviter d'interposer entre les parafoudres à eau ou les bobines de self et la ligne une interruption, qu'on pourrait être tenté d'installer pour diminuer la dépense d'énergie ou surveiller le passage des décharges. On aboutirait à un éclateur qui risquerait de constituer un circuit de résonance. Il faudrait tout au moins que la condition de résonance ne fût pas remplie, ce qui exige une résistance assez forte et peu aisée à calculer, à cause de l'incertitude des capacités en présence.

CHAPITRE II

Appareils réalisant une mise à la terre non permanente

Ces appareils comportent un limiteur de tension fonctionnant à la manière d'une soupape de sûreté, et un moyen d'interruption. Ils sont reliés à la terre de la manière ordinaire. Leur but est d'écouler la charge pendant la courte durée de la surtension sans troubler la marche du courant industriel.

D'innombrables solutions ont été proposées à ce problème. Nous en examinerons les principales.

a) Parafoudres à intervalle d'air

Les premiers en date des parafoudres à intervalles d'air sont les parafoudres *à peigne* qui sont encore employés sur les lignes télégraphiques. Le fil de ligne (toujours unique dans les transmissions télégraphiques) est relié à l'un des pôles d'un appareil formé de deux plaques en laiton, isolées et présentant en regard l'une de l'autre une série de dents régulières. L'autre pôle est relié à la terre.

Lorsque le fil de ligne est soumis à une tension dépassant la normale, l'étincelle jaillit entre les dents des peignes et permet l'écoulement de la surtension à la terre. Cet appareil aussi simple que sensible rend de grands services à la télégraphie ; on l'emploie aussi avec succès pour la protection des lignes téléphoniques.

Une forme usuelle que nous retrouverons dans les limiteurs de tension consiste en deux plateaux de métal relié l'un à la ligne et l'autre à la terre et séparés par un très petit espace, qu'occupe une feuille de papier ou une feuille de mica, avec ou sans trou.

Quelle que soit la forme de ces appareils simples il arrive qu'une décharge un peu forte fasse un contact permanent à la terre. C'est un défaut grave en cas d'application aux courants industriels, car le courant passe à la terre, et si deux appareils, sur deux pôles, ont à la fois ce défaut, c'est le court-circuit. De nombreux dispositifs ont été employés pour remédier à cet inconvénient.

Parmi les premiers moyens employés signalons l'installation de fusibles sur la ligne de terre. Comme après la fusion l'appareil devient inactif on en met en parallèle un certain nombre, ou encore on réunit sur un même socle une rangée de fusibles correspondant à autant de pointes placées en face d'une surface plane ou cylindrique reliée à la ligne. La multiplicité est toujours insuffisante, car en cas d'orage on peut souvent observer plus de 30 à 40 surtensions successives. Il faut donc que l'arc amorcé ait lui-même une tendance à s'éteindre.

La résistance de l'étincelle varie avec la nature des électrodes entre lesquelles elle jaillit. Lorsque la tension est suffisante pour faire passer un courant capable d'échauffer et de volatiliser les électrodes, il n'y a plus «étincelle» mais « arc », c'est-à-dire que le courant passe à travers les gaz incandescents produits par la vaporisation des électrodes. Ces gaz peuvent être assez résistants, et tendre à éteindre l'arc. C'est le cas pour les vapeurs du zinc, de ses alliages et de l'aluminium. On nomme ces métaux *anti-arcs*. Cette propriété a donné naissance aux appareils suivants :

b) Parafoudres à tiges multiples en zinc

Oerlikon (ancien type).
Gaumont (ancien type).

Ce parafoudre se compose d'un certain nombre de tiges pointues en zinc, reliées par une pince métallique en communication avec la terre. Un bloc métallique relié à la ligne est placé en face des pointes à une distance réglable selon la tension. L'arc amorcé par la décharge brûle la pointe la plus rapprochée et est éteint par les vapeurs de zinc. Ce parafoudre, qui est en somme une adaptation du parafoudre à peigne des télégraphes, a été employé il y a une quinzaine d'années sur des réseaux à courant continu et à courant alternatif jusqu'à 5.000 v ; actuellement on ne le retrouve plus que sur des réseaux à basse tension.

c) Parafoudres à intervalles multiples

On dénomme souvent ces appareils « parafoudres à rouleaux ». Plusieurs maisons les fabriquent et les préconisent. La Société Westinghouse a le type Würts, la Compagnie Thomson-Houston le type Wirth, la Société d'Électricité Alioth, les Ateliers d'Oerlikon, le Creusot, l'A. E. G., etc., etc., des types plus ou moins modifiés.

La subdivision de l'étincelle a pour but d'utiliser le fait que la distance explosive croît plus vite que la tension. Il en résulte que pour une même tension la somme des écartements ne sera pas égale à l'écartement unique. Reste à savoir si c'est un avantage ou un inconvénient, et les avis ne sont pas unanimes.

L'expérience montre qu'avec des cylindres métalliques séparés suivant une génératrice par de courts intervalles d'air la tension par intervalle diminue quand le nombre des cylindres augmente. *Ingram* donne les chiffres suivants comme tension de « travail » pour des intervalles de $0^{mm},79$ (*Elektrotechnik und Maschinenbau*, 26 mai 1907).

Nombre d'intervalles	60	240	420	600
Tension totale en kilovolts	25	62	75	84
— par intervalle, en volts	416	258	178	140

Ce fait s'explique par le fait que la chute de tension entre deux cylindres consécutifs n'est pas une constante. Les cylindres du côté de la tension la plus élevée sont chargés à un potentiel élevé qui ionise l'intervalle. *Ingram* propose pour rendre la chute plus régulière de disposer devant le quart des cylindres, du côté des cylindres reliés à la ligne, une plaque métallique placée devant les cylindres et reliée à la ligne. *J. Liska* a donné l'équation de la répartition du potentiel entre les rouleaux (*Elekt. und Masch.*, t. XXV, 27 oct. 1907) en fonction du nombre des rouleaux, de leur capacité propre et de leur capacité par rapport à la terre. Il propose pour rendre la chute constante de mettre en face des rouleaux des plaques métalliques reliées à la terre.

Les parafoudres à intervalles multiples sont en général construits en métal anti-arc, zinc ou alliages de zinc. Si les cylindres sont horizontaux et leurs axes sur une ligne horizontale, chaque demi-cylindre fonctionne comme une corne qui facilite l'extinction. La disposition

donnée aux rouleaux est très variable suivant les constructeurs.
Nous décrirons quelques-uns des principaux types.

La *Société Thomson-Houston* emploie des types dérivés du modèle
Wirth. Ce dernier est employé sous sa forme première par l'A.E.G. Il
comprend deux résistances de charbon ou carborundum et cinq cylindres. Le tout a la forme d'un U. On en met en série le nombre voulu.
Pour de faibles tensions le cylindre du milieu est à la terre et les bornes
des résistances en communication avec les deux fils de ligne (fig. 7).

Le modèle de la Société Thomson-Houston a un aspect extérieur
assez semblable. Nous empruntons la description au *Bulletin* n° 136
de cette Société :

Ce nouveau type a pour but de fournir une protection contre les
oscillations de faible et moyenne fréquences, aussi bien que contre

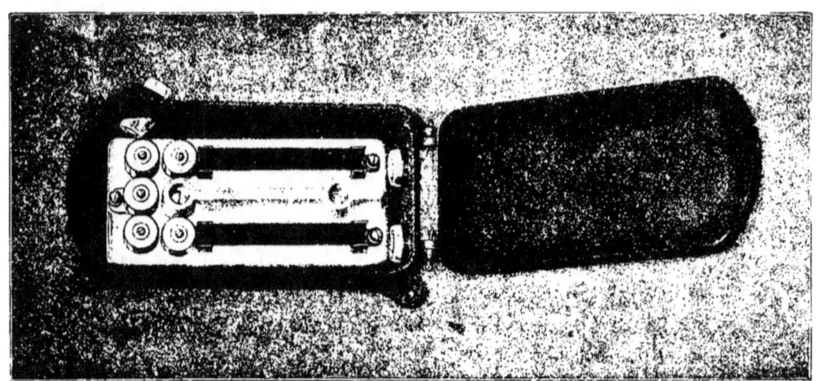

Fig. 7. — Parafoudre Wirth A. E. G.

les surtensions de tout ordre et toute fréquence. Pour étudier un type
quelconque il faut adjoindre à chacun un petit éclateur formé de
deux aiguilles dont on peut régler la distance.

En augmentant graduellement l'intervalle on remarque qu'à partir
d'un intervalle déterminé les étincelles quittent l'éclateur pour passer
au parafoudre. On a alors atteint l'*intervalle d'aiguille équivalent* du
parafoudre considéré. Le meilleur appareil sera celui qui possédera
le plus petit intervalle pour les fréquences les plus diverses. C'est
en procédant ainsi que les expérimentateurs de la Société Thomson-
Houston ont abouti aux conclusions suivantes :

1º Toute résistance en série, si petite soit-elle, augmente l'intervalle d'aiguille équivalent et diminue par suite la valeur protectrice du parafoudre ;

2º Il y a intérêt, au double point de vue de la valeur protectrice du parafoudre et de la limitation du courant industriel qui la suit, à augmenter le plus possible le nombre de rouleaux en réduisant en même temps la grandeur de l'intervalle d'air. L'intervalle d'aiguille équivalent d'un tel parafoudre est très inférieur à la somme des intervalles individuels ;

3º Une résistance convenablement choisie shuntant une partie des intervalles d'air a un effet très favorable sur la limitation du courant industriel consécutif à une décharge.

L'emploi de ces résistances « shunt » permet donc de réduire le nombre des intervalles d'air et par conséquent l'encombrement de l'appareil, tout en améliorant l'efficacité. Dans le cas d'une décharge de haute fréquence celle-ci passera à travers la totalité des intervalles d'air et, par contre, dans le cas d'une décharge de faible fréquence, celle-ci traversera seulement les résistances shunt et les intervalles d'air en série avec ces résistances.

La Société emploie dans le montage des nouveaux parafoudres la connexion dite *multiplex* qui consiste à interposer un nombre égal d'intervalles d'air et de résistances shunt, tant entre les différents conducteurs d'une ligne qu'entre chacun de ces conducteurs et la terre. La figure 8 en donne un exemple pour le cas de circuits triphasés dont le neutre est à la terre.

Dans les modèles les plus récents toute résistance série est supprimée ; mais les intervalles sont shuntés par des résistances croissantes avec le nombre des intervalles.

La figure 9 montre un modèle pour un pôle, avec deux résistances à base de graphite.

Pour les hautes tensions le modèle représenté par la figure 10 est employé avec des résistances séparées, connectées aux points convenables. Ces résistances ont 20 à 35 o, pour les plus faibles, et sont constituées alors d'un alliage métallique particulier. Les plus fortes ont de 75.000 à 125.000 o et sont faites d'une composition à base de graphite. Les types à haute tension sont établis pour tensions de 6.000 à 60.000 v.

Pour les basses tensions (jusqu'à 300 v) on emploie le type simple, bien connu, représenté par la figure 11.

On pourrait objecter à la disposition en zig-zag, qui économise la place, une self qui n'est peut-être pas négligeable. Aussi certains

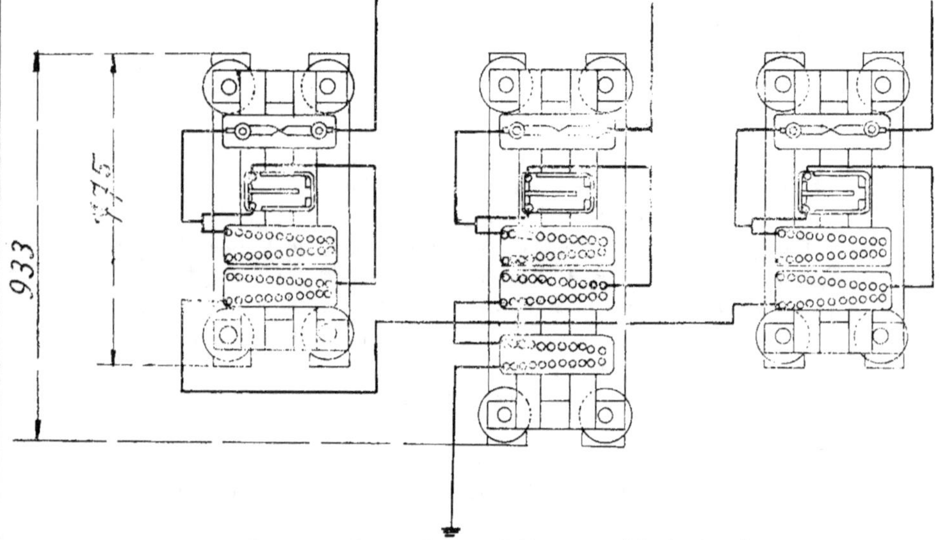

Fig. 8. — Parafoudre Thomson-Houston. Schéma pour triphasé 5000 volts.

constructeurs mettent-ils tous les rouleaux en ligne droite (Brown-Boveri).

La figure 12 donne la disposition adoptée par l'A. E. G. de Berlin, pour ces mêmes parafoudres, avec les résistances en série. Ce type, désigné par RKL, est spécialement employé pour connection directe entre phases, et pour lignes en câbles.

Les *modèles Würst* de la Société Westinghouse sont analogues aux précédents. Une série de cylindres en métal anti-arc sont disposés, à intervalles fixes, sur une pièce en porcelaine. On met le nombre de ces séries en relation avec la tension du réseau.

La Société Westinghouse emploie dès l'origine le procédé de montage série et shunt. Un groupe de cylindres est d'abord placé sur la dérivation menant de la ligne à la terre. Ce premier groupe est appelé « espaces série ». Vient ensuite un second groupe (éventuellement

plusieurs) ayant en dérivation une résistance. C'est le groupe des
« espaces shunt ». Ensuite vient une résistance et la ligne de terre.

Ce genre de parafoudres a fait l'objet de nombreuses expérimen-

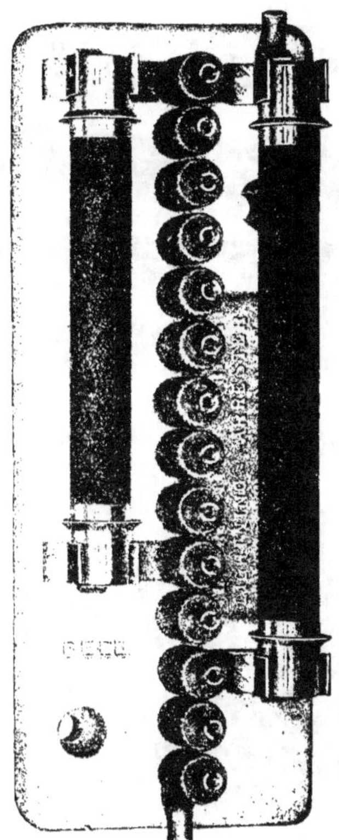

Fig. 9. — Parafoudre Thomson-Houston
à espaces shuntés.

tations. Mentionnons celles de Rushmore et Dubois, de Creighton,
et d'autres, à l'aide d'oscillographes.

L'expérience nous a montré qu'il est utile de mettre en série avec
tous les parafoudres à rouleaux une résistance d'amortissement
suffisante. A ce défaut les appareils peuvent être complètement
détruits par la décharge. Ils peuvent même l'être avec une résistance

jugée *à priori* suffisante. Les essais semblent cependant montrer que
les intervalles s'opposent au renversement de l'arc alternatif après
son passage au zéro et d'après la Société Thomson-Houston le courant

Fig. 10. — Parafoudre Thomson-Houston à éléments multiples.

serait en tout cas interrompu pendant la demi-période qui suit la
décharge. En comparaison avec un espace total unique, la tension de

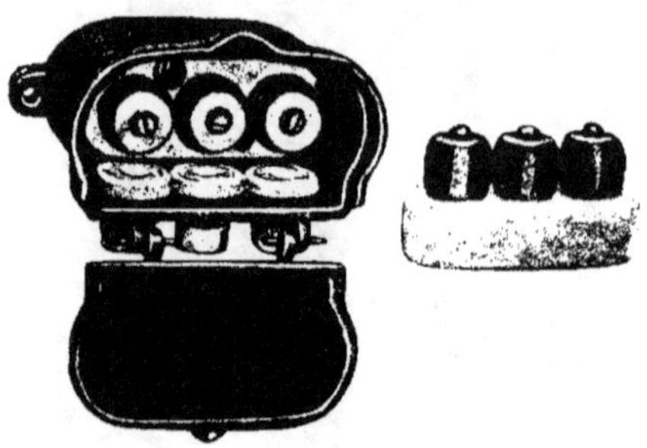

Fig. 11. — Parafoudre à rouleaux 300 volts.

décharge étant moindre pour l'espace subdivisé, on peut s'attendre
à un arc de décharge plus faible, s'éteignant plus facilement. Encore
faut-il qu'il soit amorti soit par une résistance, soit par des rouleaux
de volumes et de nombres suffisants pour refroidir l'arc.

Les modèles récents ont des nombres d'intervalles plus grands
avec un écartement plus faible qu'autrefois. On y gagne plus de sensibilité et, avec l'alternatif, les rouleaux les plus voisins de la ligne sont

le siège de petites étincelles, résultant de leur capacité, qui prouvent la sensibilité. En revanche, l'extinction de l'arc paraît dans certaines

Fig. 12. — Parafoudre à rouleaux A. E. G. type R. K. L.

circonstances se faire plus difficilement qu'avec le parafoudre à cornes dont l'arc s'allonge.

Fig. 13. — Parafoudre à rouleaux coniques (Oerlikon).

On dispose souvent, comme nous l'avons vu, les parafoudres à rouleaux suivant une ligne verticale, les rouleaux ayant leurs axes horizontaux, ou encore suivant une ligne horizontale avec les axes

verticaux. Ces deux dispositifs sont critiquables, car pour que l'arc
s'éteigne il faut d'une part que les axes de cylindres soient horizontaux,
et d'autre part que les petits arcs élémentaires ne soient pas au-dessous
les uns des autres. Comme la place manque souvent on se contente
ou de la disposition verticale ou de l'arrangement en zigzag, qui a
le défaut de faire apparaître un certain surcroît de self. Aussi a-t-on
quelquefois recours, pour éviter le retour d'accidents dont ces dispositifs sont peut-être responsables, à des résistances en série trop grandes,
et l'efficacité de l'appareil en souffre. Il n'est plus détruit par l'arc,
mais les accidents aux machines se multiplient. La caractéristique
d'une bonne disposition de parafoudres à intervalles multiples est
donc le grand encombrement, et il semble sage de se conformer à
cette condition.

Parmi les dispositifs spéciaux, mentionnons ceux de la *Société
l'Éclairage Électrique* avec des rondelles à bords biseautés, de
Schneider et Cie, formés de champignons pointus qui associent ainsi
le cylindre et les cornes, des *Ateliers d'Oerlikon* avec des rouleaux
coniques, etc., etc. (fig. 13).

Pour ce qui concerne le *nombre d'intervalles* il varie avec la grandeur
de l'intervalle, et chaque constructeur a ses règles, établies en général
sur la base du passage de la décharge dès que la surtension dépasse
de 30 % la tension normale.

C'est ainsi que les ateliers d'Oerlikon emploient :

> 3 rouleaux jusqu'à 2.000 volts
> 5 — — 3.000 —
> 10 — — 5.000 —

et 1 par 1.000 v en plus.

La Société A. E. G., avec des intervalles de $0^{mm},8$, emploie :

> 8 rouleaux jusqu'à 5.000 volts
> 16 — — 10.000 —

et 8 en plus par 5.000 v.

Il n'est du reste pas possible de donner une règle absolue ; car la
courbe de l'onde du courant industriel influe sur la tension maximum,
et pour une même surtension la décharge passe plus facilement si la
périodicité est plus grande.

Les figures 14 et 15 donnent la vue de parafoudres Alioth à 5 et
19 rouleaux.

Comme dispositif d'ensemble on trouve des variantes très nombreuses. On trouve simultanément l'emploi de rouleaux très nombreux sans résistances, et d'un nombre moins grand avec résistance suivant les idées de Rushmore et Dubois, ou encore la combinaison avec des

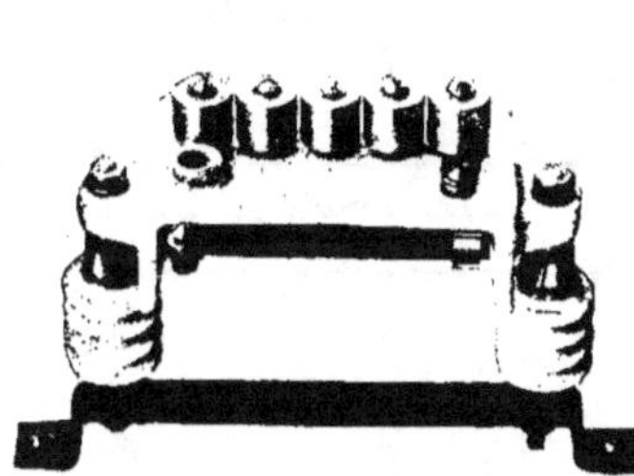

Fig. 14. — Parafoudre Alioth à 5 rouleaux.

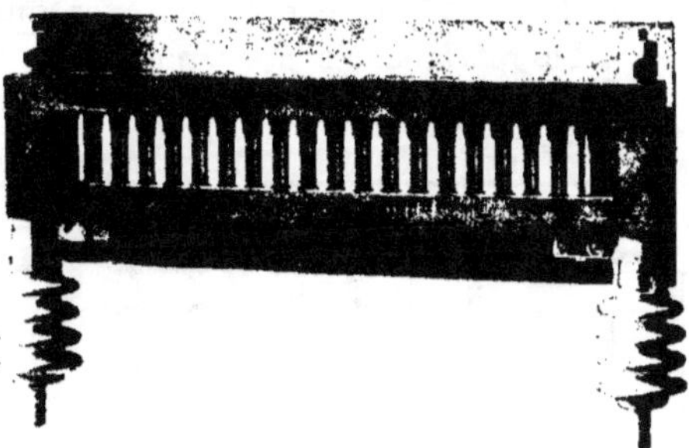

Fig. 15. — Parafoudre Alioth à 19 rouleaux.

éclateurs à cornes et des bobines de self. A titre d'exemple nous donnons ici quatre dispositifs préconisés par la Société Alioth.

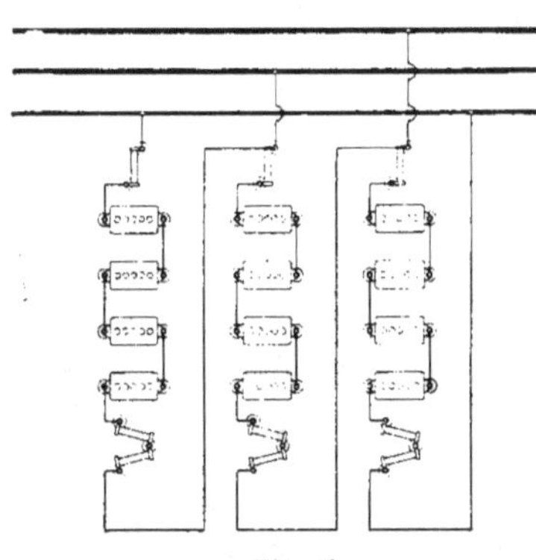

Fig. 16.

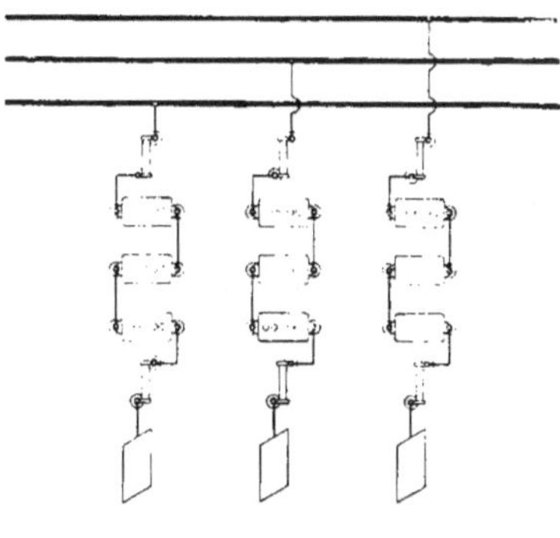

Fig. 17.

Figure 16. — Ligne triphasée à 5.000 v entre phases. Quatre groupes de cinq rouleaux avec trois résistances formant un des côtés du triangle.

Figure 17. — Ligne triphasée à 8.000 v entre phase et terre. Trois groupes de cinq rouleaux avec deux résistances, pour chaque fil.

Figure 18. — Ligne triphasée 12.000 v entre phase et terre. Sur chaque fil deux bobines d'inductions en dérivations sur trois groupes de rouleaux en série avec des résistances, ayant comme circuit commun de nouveaux groupes de rouleaux et résistances.

Figure 19. — Ligne triphasée à 30.000 v avec la terre. Même dispositif que le précédent, mais avec intercalation d'éclateurs à cornes.

Les parafoudres à cylindres, ou analogues, ont l'avantage d'un réglage précis et d'une grande sensibilité. On leur adjoint souvent

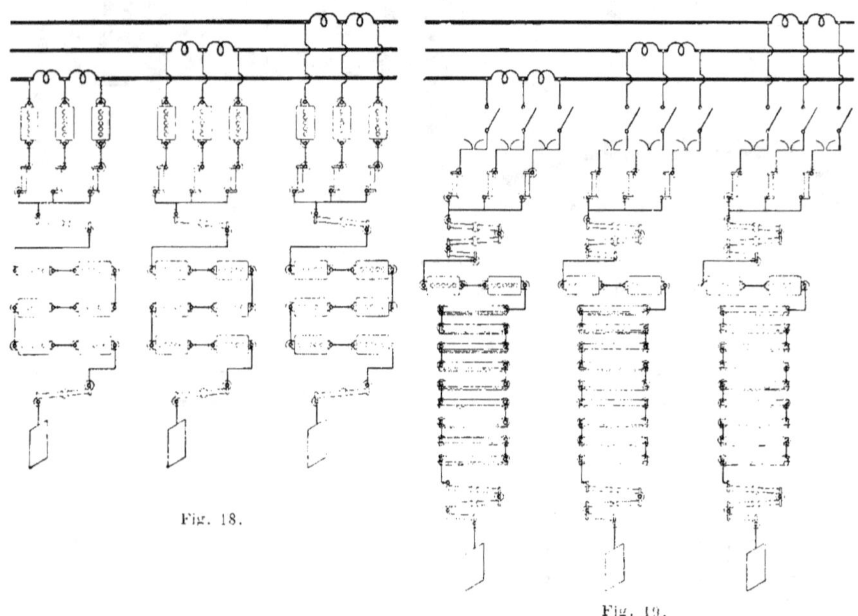

Fig. 18.

Fig. 19.

en parallèle un parafoudre à cornes avec plus faible résistance. Ils ont sur les parafoudres à eau l'avantage de ne pas consommer de l'eau et d'énergie. Ils ne sont guère employés que pour le courant alternatif.

Il semble n'y avoir pas de limites de tension dans l'emploi des intervalles divisés. On en a installé à 60.000 v et au delà. Certains exploitants s'accordent à les trouver utiles, mais insuffisants. On les rencontre donc presque toujours associés à d'autres, en particulier aux déchargeurs à eau et aux éclateurs à cornes.

d) Parafoudre à rouleaux IUM

Ce modèle nouveau, inventé par l'ingénieur *Modigliani*, a pour but de remédier à l'inégale répartition de la différence de potentiel entre

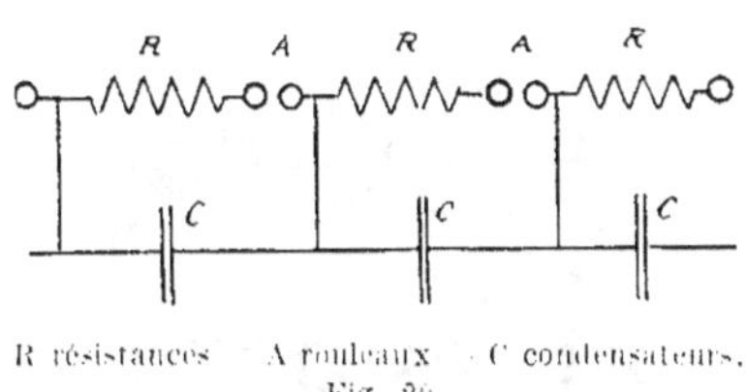

Fig. 20.

les rouleaux. Dans ce but les rouleaux consécutifs sont reliés aux deux armatures d'un condensateur en forme de tube. En outre une

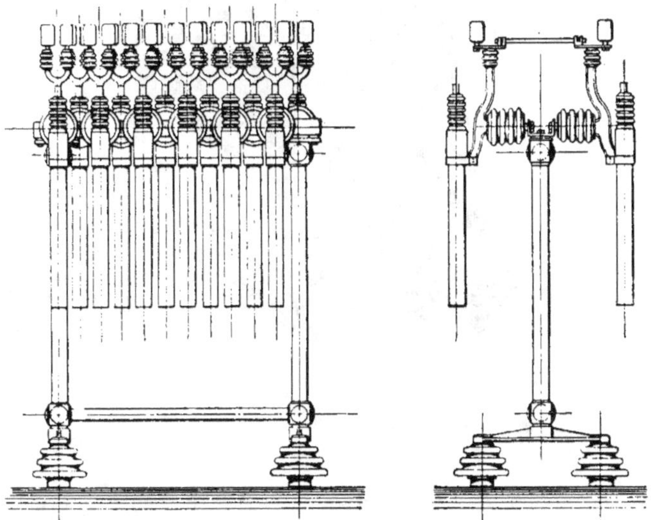

Fig. 21. — Parafoudre IUM.

résistance ohmique est insérée entre deux paires consécutives de rouleaux, comme le montre le schéma (fig. 20).

L'appareil se compose donc de condensateurs en série, chacun étant en dérivation sur deux rouleaux, chaque groupe de rouleaux étant en série avec une résistance. Cette combinaison a pour but de décharger à la terre les surtensions à haute fréquence à travers les condensateurs, et les surtensions statiques ou à basse fréquence à travers les rouleaux.

Fig. 22. — Parafoudre IUM.

La répartition de la tension entre ceux-ci devient uniforme grâce aux condensateurs.

Le parafoudre IUM a été adopté sur plusieurs réseaux italiens, en particulier par le transport de force du Toce à 55.000 v, avec des résultats favorables.

e) Parafoudre à rupture mécanique d'arc

Quantités d'appareils ont été disposés de manière à ce que les pièces de l'éclateur s'écartent dès que la décharge passe. Celle-ci passe dans une bobine d'électro, souvent placée en dérivation sur un intervalle à peigne métallique, et l'attraction d'une palette écarte les contacts entre lesquels a jailli l'arc.

Nous donnons ici deux types assez répandus de ce genre de parafoudres. On voit (fig. 25) l'aspect du fonctionnement de l'un d'eux.

Fig. 23. — Parafoudre Thury ancien type.

Les pièces entre lesquelles jaillit l'arc sont en général en charbons, et facilement remplaçables.

On suit facilement le mécanisme sur la figure 24. Le courant de la ligne est amené en B. La décharge franchit l'intervalle BA, suit la tige articulée en D, franchit l'intervalle C puis s'écoule à terre ; l'arc étant amorcé, le courant de ligne qui sera généralement à une fréquence beaucoup moins élevée que la décharge atmosphérique suivra le chemin BAD, puis s'écoulera à terre à travers les électro-aimants S connectés en dérivation entre D et la borne de terre ; l'armature de l'électro, attirée, fera basculer le levier, ce qui allongera l'arc et l'éteindra.

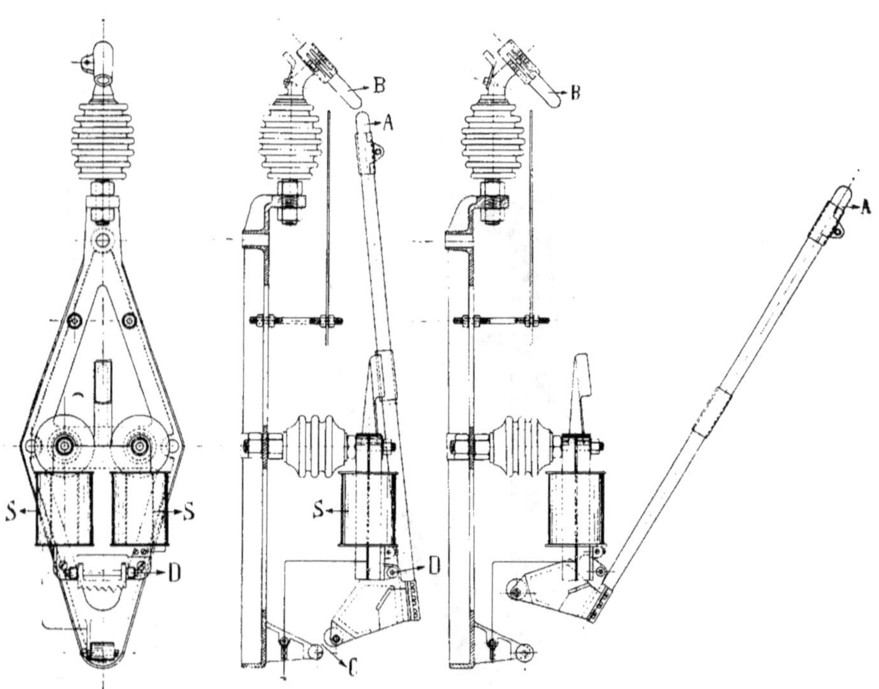

Fig. 24. — Parafoudre Alioth ancien type.

Les autres modèles ont des schémas analogues. On installait souvent ces appareils sans résistances sur la ligne de terre. Thury est, sauf erreur, le premier qui ait combiné son modèle avec des bobines de self et des condensateurs, à une époque où la haute fréquence des décharges était cependant à peine entrevue.

Ce genre de parafoudre ne se rencontre plus guère que sur les lignes à courant continu. On leur reproche une certaine lenteur d'action.

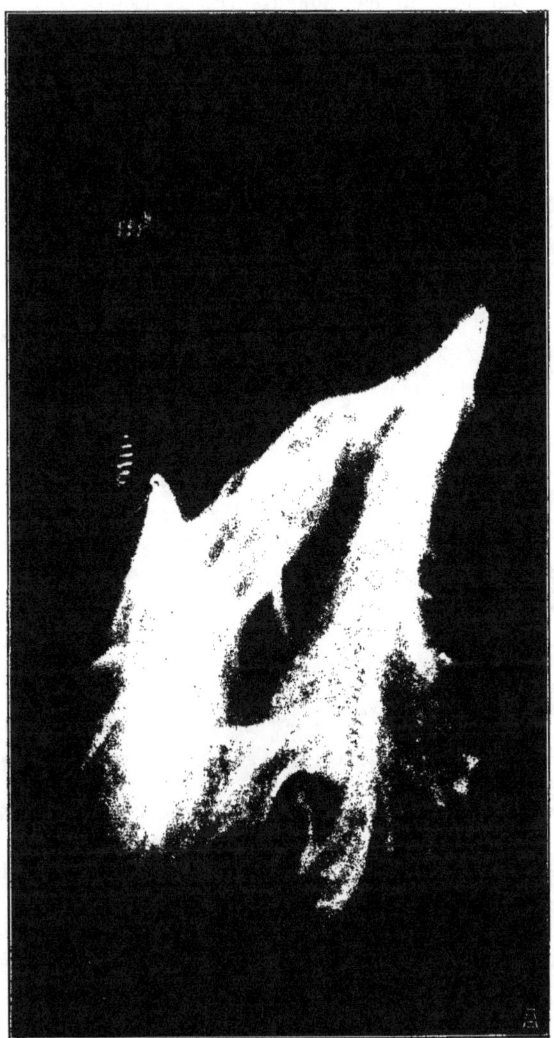

Fig. 25. — Parafoudre à rupture d'arc en fonction.

Pour l'alternatif, les cornes, plus simples, leur sont en général préférées, mais elles sont peu efficaces pour les basses tensions.

f) Parafoudre à cornes

On a souvent employé des éclateurs avec un dispositif allongeant l'arc chassé magnétiquement. La maison Siemens paraît être la première à avoir combiné le parafoudre à cornes dans toute sa simplicité, qui a beaucoup contribué à sa rapide diffusion. On en rencontre de multiples modèles, car nombre d'exploitants les construisent eux-mêmes. Ils se composent tous de deux cornes en métal, isolées

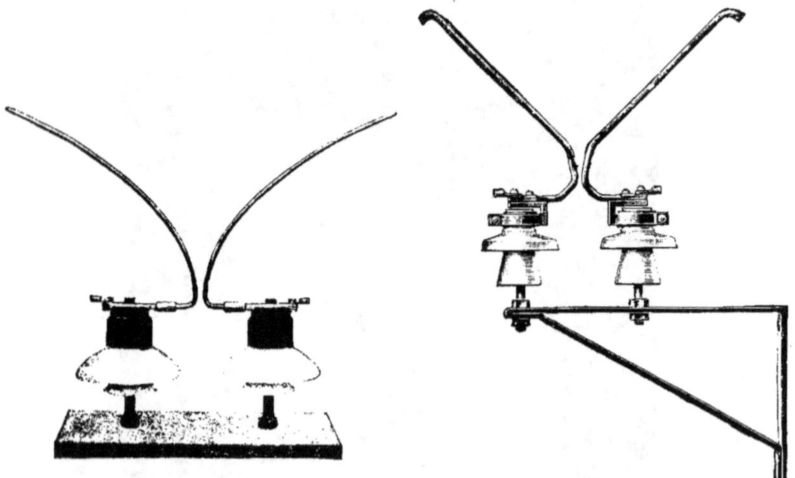

Fig. 26. — Éclateur à cornes Alioth.   Fig. 27. — Éclateur à cornes Siemens-Schuckert.

l'une de l'autre et placées l'une en face de l'autre à une distance réglable. L'une des cornes est reliée à la ligne à protéger, l'autre à la terre. En cas de décharge, l'arc amorcé par la surtension est chassé vers le sommet des cornes grâce au courant d'air produit par la chaleur de l'étincelle et aussi par effet électrodynamique. Arrivé à une certaine hauteur, l'arc se rompt de lui-même.

A l'origine on a placé beaucoup de ces appareils sur les poteaux où ils jouaient aussi le rôle de paratonnerres. La ligne de terre reliée à des plaques de petite dimension constituait souvent une forte résistance, et le fonctionnement était alors assez satisfaisant. En revanche, avec de grandes plaques de terre en terrains humides, le résultat fut souvent désastreux. Les oiseaux, les insectes, la neige, la pluie, les feuilles faisaient fonctionner l'appareil en dehors de toute surtension, et chaque fois c'était le court-circuit. Il parut d'autre part inefficace pour les basses tensions.

La pratique a cependant consacré les cornes, mais en espace clos et avec de notables résistances limitant l'intensité du courant de décharge.

Les cornes ont tantôt une forme courbe, tantôt une ligne droite après le coude. Elles sont de cuivre ou de laiton, en général de section ronde, quelquefois de section carrée avec les arêtes en regard. Les cornes sont le plus souvent dans un même plan, plus rarement dans des plans différents.

Après le passage de l'arc il reste des gouttelettes de cuivre fondu qui modifient la distance, et obligent à un nouveau réglage. Pour faciliter ce réglage il existe de multiples dispositifs. Un des meilleurs consiste à placer tout l'appareil sur un petit chariot muni d'une lame de contact serrée entre des mâchoires reliées à la ligne. Pour le réglage on tire le chariot en déconnectant l'appareil, qui peut être alors manipulé commodément.

Divers moyens ont été employés pour empêcher le déréglage. La Société Lahmeyer constitue l'éclateur, en dessous des cornes, par deux longues bandes dont l'une est en charbon, l'autre en cuivre (*Éclairage Électrique*, t. XLIV, n° 34, 1905). Il y a alors chance pour qu'en face d'une perle de cuivre fondu se trouve une cavité formée dans le charbon. Le réglage est fait pour une surtension de 5 % seulement ; mais en revanche la résistance additionnelle est réglée pour un débit de 0,5 a seulement. Les cornes deviennent l'accessoire de la résistance.

On a employé des cornes en dents de scie. Les gouttelettes de métal fondu se logent alors dans les creux. On les a constituées aussi de pièces massives de métal anti-arc.

On reproche à l'appareil simple son défaut de sensibilité et la durée de la décharge qui atteint et dépasse une seconde, ce qui amène des perturbations dans les réseaux ou oblige à les munir de fortes résistances.

Le parafoudre à corne se place habituellement sur le trajet d'une ligne dérivée de celle qu'on veut protéger, et qui comprend la résistance, la ligne et la plaque de terre : c'est le montage *en dérivation*.

On nomme montage *en série* un montage où la corne reliée à la ligne fait partie de la ligne. Celle-ci est donc coupée et communique d'une part à la base et d'autre part à l'extrémité de la corne. D'après les expériences de Neesen (E.T.Z., XXVI, 30 mars 1905), le montage en série serait supérieur en ce qu'une plus petite fraction de la quantité d'énergie en jeu traverse la ligne. Les expériences de Neesen semblent

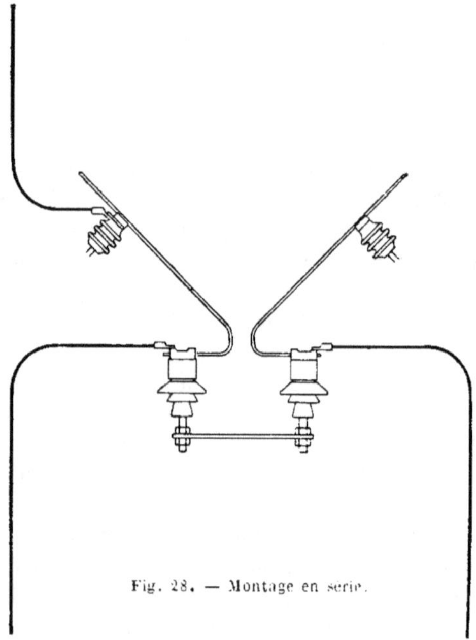

Fig. 28. — Montage en série.

montrer que le parafoudre à cornes serait d'entre les meilleurs au point de vue de sa self, qui est très faible. Cet avantage est souvent rendu illusoire par l'organisation du poste de protection, où les lignes se rendant aux appareils ou à la terre font des contours qui constituent des selfs importantes. L'un des auteurs attirait déjà l'attention des électriciens sur ce fait au Congrès des Électriciens de 1896.

Pour rendre l'éclateur des cornes plus sensible sans diminuer dangereusement la distance explosive, on emploie divers artifices.

La Société *Land- und Seekabelwerke* Cöln-Nippes (E.T.Z., XXVI, février 1905) préconise une petite étincelle qu'on fait jaillir sous une des cornes en reliant à l'autre à travers une forte résistance un bouton métallique, placé sous l'intervalle des cornes.

La décharge à travers la grande résistance entre déjà en jeu lors d'une faible surtension. Pour une plus grande surélévation l'arc

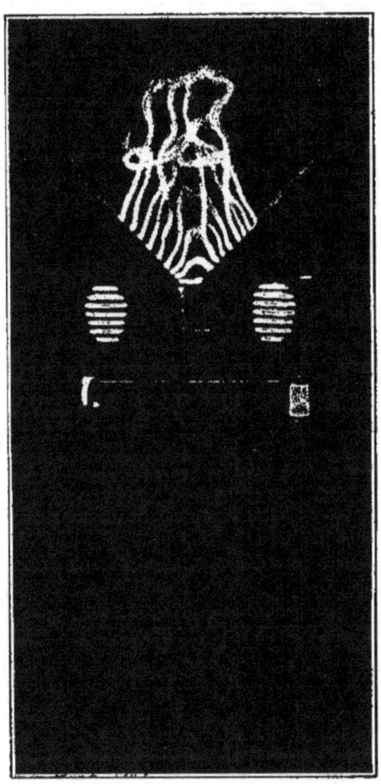

Fig. 29. — Parafoudre à cornes
avec étincelle excitatrice.

se forme à un potentiel réduit par l'ionisation fourni par la petite étincelle. On obtient avec 22 mm d'écartement, distance adoptée pour 6.000 v, la décharge à 7.500, tandis que cette distance n'est franchie sans l'étincelle excitatrice qu'à 40.000 v.

La Société *Siemens-Schuckert* emploie une disposition dite à relais.
(Voir E.T.Z., 1905, p. 485, et l'*Éclairage Électrique*, 1905, t. XLIV,
p. 326.)

Le but à atteindre est de faire franchir à l'espace entre cornes une
tension très inférieure à celle qui correspond normalement à cet
espace. On peut utiliser pour cela l'induction fournie par une décharge

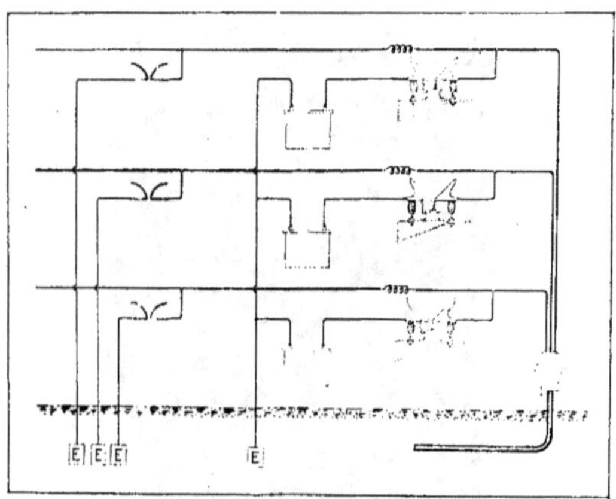

Fig. 30. — Schéma du parafoudre à cornes à excitation.

accessoire, qu'on rend oscillatoire si elle ne l'est pas, et qui par l'intermédiaire d'une bobine d'induction élèvera le potentiel d'une des
cornes.

Un des schémas qu'on peut adopter est donné par la figure 31.
Soit L la ligne à protéger. Une dérivation passe par une résistance
ohmique R figurée en aval de *a*, mais qui peut aussi être en amont,
ou même ailleurs sur le trajet de la ligne de terre. Viennent ensuite
les cornes, une self *s* très petite formant le secondaire d'une bobine
d'induction, et la ligne de terre avec sa plaque T.

En dérivation sur les cornes est un système destiné à créer la surtension. Après un fusible *f* ce système comprend deux condensateurs
C_1 et C_2 reliés entre eux d'une part à un éclateur E protégé par un
tube isolant, et le primaire *p* d'une bobine d'induction. L'éclateur
est réglé pour un petit intervalle, et le courant de ligne ne peut franchir
la capacité C_1.

Si une surtension est suffisante pour faire éclater en E une étincelle, le système EC_1pC_2 constituant un circuit oscillant, une surtension est induite en s qui favorise la décharge par le parafoudre à cornes.

La surtension induite peut être amenée à une pointe auxiliaire placée sous la corne, comme dans le parafoudre de la *Land- und Seeka-belwerke*, ou dans d'autres modèles de *Siemens-Schuckert*. La pointe auxiliaire a le double avantage de pouvoir être faite très pointue, ce qui diminue la distance explosive, et de sortir la self s de la ligne de terre des cornes. On voit cette pointe auxiliaire dans la figure 32.

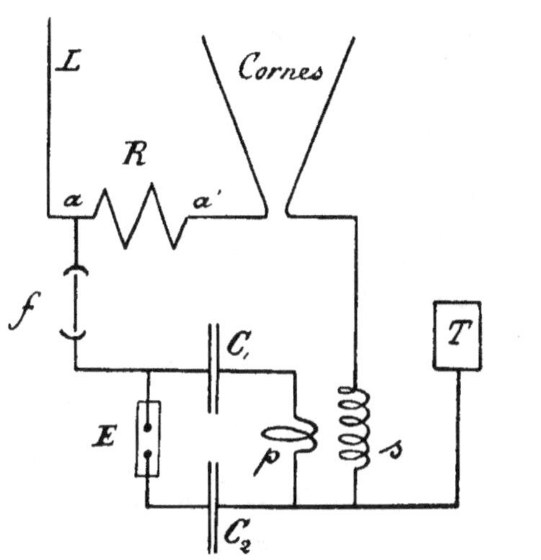

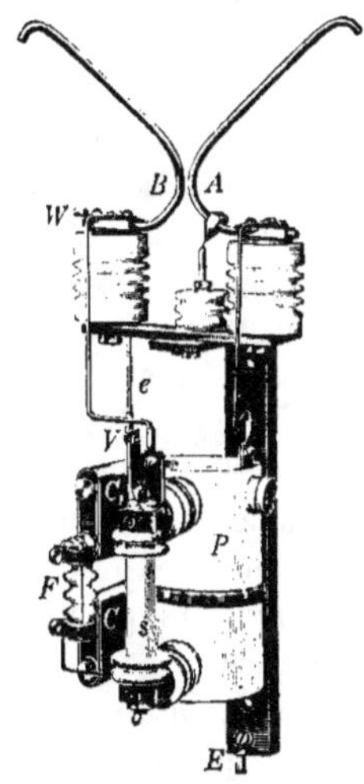

Fig. 31. — Schéma d'un parafoudre à cornes à relais.

Fig. 32. — Parafoudre à cornes à relais.

Des schémas modifiés peuvent avoir pour but de mettre les deux condensateurs C_1 et C_2 en tension, ce qui permet d'atteindre un voltage de ligne plus élevé.

Un dispositif analogue a été proposé dès 1892 par *Elihu-Thomson*. Le schéma Siemens-Schuckert est dû à *Dina*. L'appareil est construit d'une façon très robuste et ses parties sont démontables. Les condensateurs supportent normalement 6.000 v et sont renfermés dans une enveloppe métallique. La capacité varie de 1/2 à 1 centième de micro-farad. Le primaire de la bobine d'induction ne comprend qu'un tour enroulé sur un tube de porcelaine qui contient à l'intérieur le secondaire de 20 spires, et dont la self est de l'ordre de grandeur de 25×10^6 henrys dans le modèle qui ne comporte pas de pointe auxiliaire.

Cette pointe auxiliaire peut du reste être complètement isolée et ne constituer qu'une petite capacité suffisante pour provoquer une petite étincelle excitatrice.

Les parafoudres à cornes, avec surexcitation, sont employés pour les tensions modérées alternatives (jusqu'à 4.000-5.000 v) et pour courant continu. On pourrait leur reprocher le fait qu'avec des surtensions à haute fréquence amorties, c'est la première onde qui fait déclancher le système, mais que la décharge ne passe que pour une des ondes suivantes alors que le danger maximum a passé. C'est un reproche qu'on peut faire du reste à presque tous les parafoudres qui comportent un éclateur.

Le *fractionnement* a été appliqué aux cornes. Le modèle *Fortis* de la Manufacture Parisienne d'Appareillage électrique comprend plusieurs pièces métalliques en forme de bonnet d'évêque, placées chacune sur un isolateur et rapprochées par leur base. Nous avons déjà cité une disposition analogue de *Schneider et C°*. Le modèle Fortis a trois intervalles pour 5.000 v, sept pour 10.000, onze pour 15.000, etc.

Pour les voltages élevés beaucoup de constructeurs placent en série des modèles ordinaires à cornes. Pour 20.000 v *Gola* a placé en série avec son parafoudre un modèle à cornes en dérivation sur une résistance hydraulique ; et pour 30.000 v deux cornes dont une seulement en dérivation sur une résistance (*Electricien*, 1905, t. XXIX, p. 2). Ces cornes multiples ne paraissent pas s'être beaucoup répandues, même pour des tensions de 50.000 v et au delà. Une des raisons est sans doute le grand encombrement de ces appareils que ne paraît pas compenser un grand surcroît de sensibilité.

Le *soufflage* de l'arc par réaction magnétique est assez répandu. Le premier modèle dû à Thomson a même précédé les cornes Siemens. Appliqué spécialement au courant continu il comportait un électro volumineux parcouru par le courant de ligne. Entre les masses polaires était placé l'éclateur en forme de cornes massives. Il a été un moment assez répandu sur les lignes de traction. On lui a reproché d'avoir un champ magnétique croissant avec le débit, ce qu'on pouvait éviter avec un enroulement en dérivation. Cet enroulement pouvait du reste être connecté de manière à être parcouru par le courant allant à la terre après la décharge, et il a été quelquefois monté de cette manière à une époque où l'on ne donnait pas d'importance aux selfs des lignes de terre.

Parmi les modèles les plus répandus de parafoudres à cornes avec soufflage citons ceux de l'A. E. G.

La figure 33 donne l'aspect des derniers modèles. On peut l'installer suivant deux schémas :

1° Le courant de ligne passe à travers la bobine de l'électro, dont le fer est feuilleté. On constitue ainsi une self qui peut être une protection, mais on crée une petite perte d'énergie et de tension qui peut n'être pas négligeable aux basses tensions ;

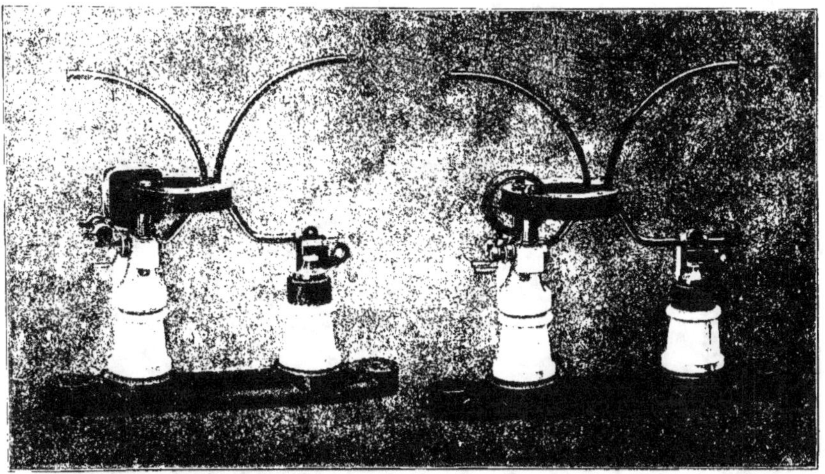

Fig. 33. — Parafoudre à cornes à soufflage. Modèle A. E. G.

2° La bobine est reliée en dérivation sur un petit éclateur à blocs de charbons intercalé sur la ligne de terre : c'est le montage en dérivation. La répulsion magnétique n'a donc lieu que lors d'une décharge.

Dans les deux cas le soufflage n'agit que sur le courant de ligne. Assez énergique avec les courants continus, il l'est peut-être moins avec l'alternatif, car le flux n'est en phase ni avec le courant, ni avec la tension. Aussi rencontre-t-on chez les exploitants un certain scepticisme à l'égard de ces dispositifs magnétiques adoptés à l'alternatif, et aussi ne les installent-ils qu'en les considérant comme inoffensifs. L'A. E. G. ne les recommande qu'en dessous de 13.000 v et semble admettre leur action sur la décharge à haute fréquence. En dessus de 13.000 v cette Société installe des cornes simples en nombre croissant avec la tension (2 jusqu'à 33.000 v, 3 jusqu'à 55.000 et 4 jusqu'à 77.000).

Les *Ateliers d'Oerlikon* ont plusieurs modèles de parafoudres à cornes à soufflage. Avec électros massifs l'application en est surtout

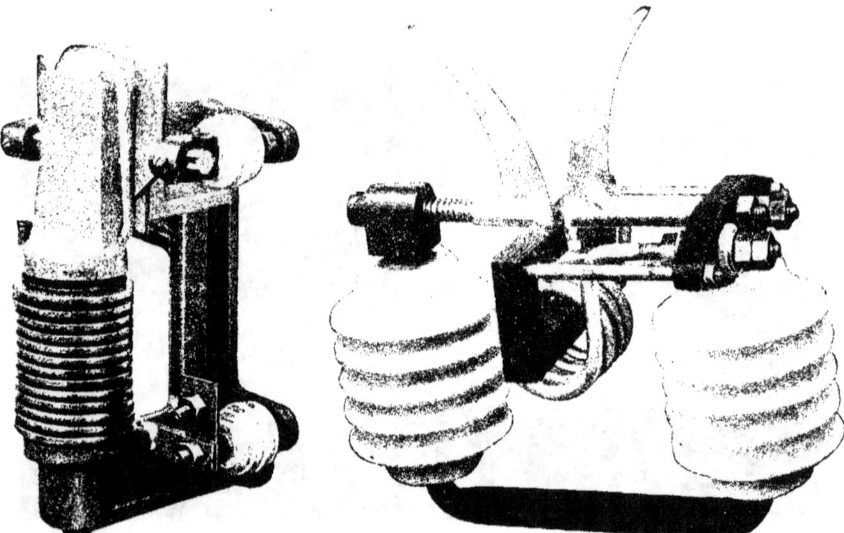

Fig. 34. — Parafoudre Oerlikon à soufflage avec électromassif.

Fig. 35. — Parafoudre Oerlikon à cornes à soufflage.

faite aux lignes à courant continu, tandis que les électros feuilletés seront plutôt réservés à l'alternatif. Les pièces polaires sont garnies d'isolant quand elles entourent les cornes.

Le parafoudre à cornes à soufflage de la *Compagnie de l'Industrie Electrique et Mécanique*, à Genève, a été appliqué surtout aux transports système série à courant continu. On en dispose un certain nombre en série, entre un pôle de ligne et la terre. Chaque appareil comprend :

Deux cornes.

Deux bobines entourant les noyaux magnétiques du souffleur, en dérivation sur un intervalle d'air à peigne, lui-même en série sur une des cornes.

Une résistance d'équilibre en dérivation sur les cornes.

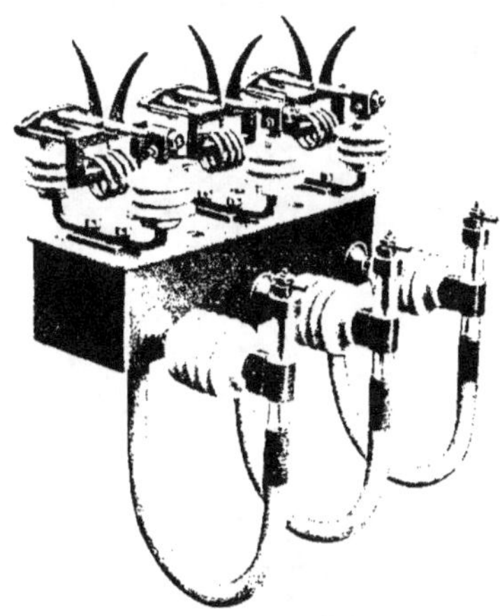

Fig. 36. — Montage de 3 parafoudres à cornes à soufflage (Oerlikon) avec résistances hydrauliques.

Le souffleur et les cornes ont des différences de potentiel qui sont de l'ordre de grandeur de la tension entre cornes. Il a fallu cependant les séparer par des cloisons isolantes pour préserver les appendices polaires de l'arc. Ces appendices sont prolongés par quatre bras en fer, qui font rayonner le champ magnétique dans tout l'intervalle entre les cornes, et donnent un aspect tout à fait caractéristique à l'appareil.

Avant la ligne de terre est intercalée une résistance hydraulique. Il existe ainsi une résistance continue entre un pôle et la terre, formée par les résistances d'équilibre de chaque appareil. Elles sont formées d'un tube de porcelaine renfermant une poudre de charbon, que nous aurons à décrire ailleurs.

La figure 37 montre un parafoudre. C. I. E. M. et la figure 38 l'installation de deux parafoudres montés en limiteurs sur deux induits haute tension formant un groupe générateur, auquel correspond la colonne d'appareils que montre la figure.

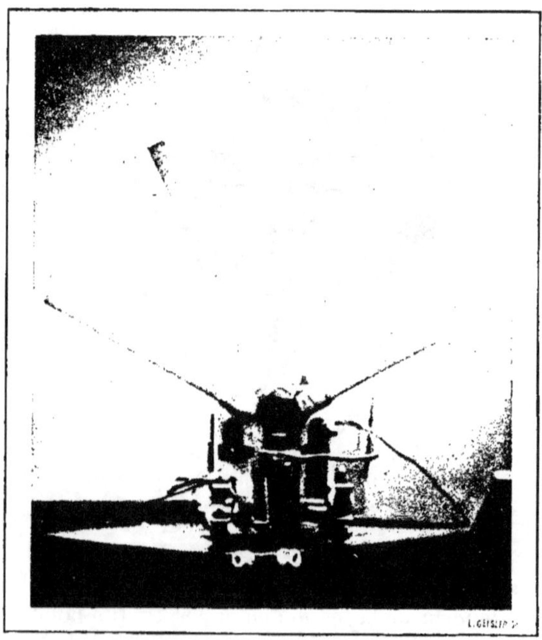

Fig. 37. — Parafoudre à soufflage, type C. I. E. M.

Pour le courant alternatif la C. I. E. M. emploie d'autres modèles dont un nouveau va paraître.

Le *parafoudre électrostatique* à cornes comprend comme organe éclateur des cornes au milieu de l'intervalle desquelles pendent deux légères lames de métal à écartement réglable. Une surtension statique

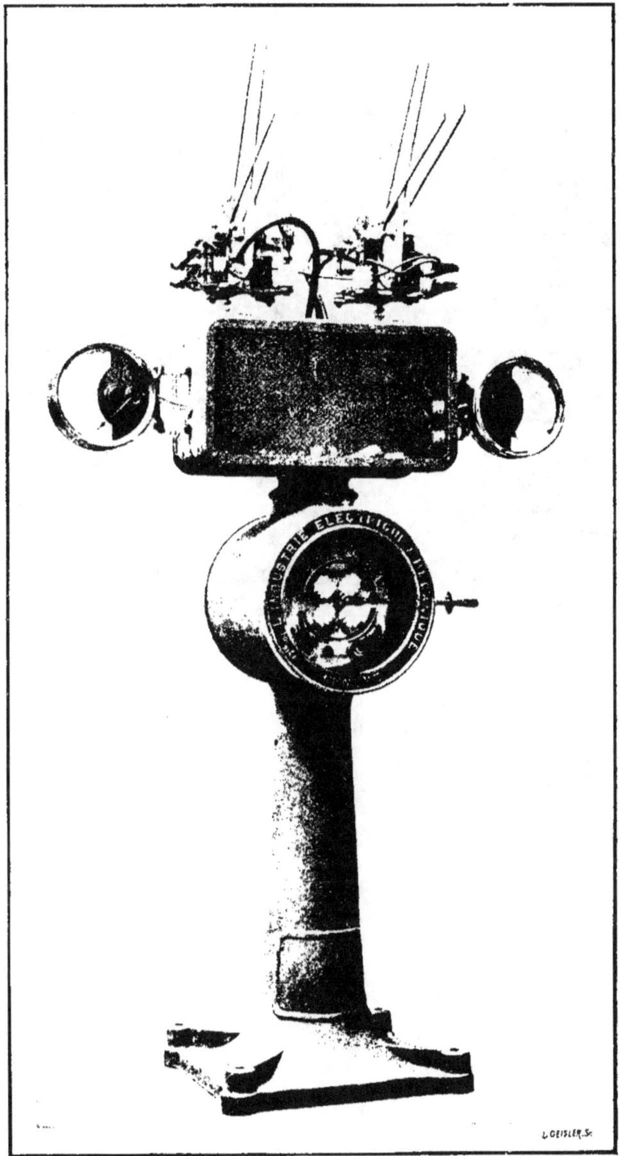

Fig. 38. — Parafoudres C. I. E. M.
montés en limiteurs sur colonne d'appareils.

de 25 % est suffisante pour faire rapprocher ces lames et faire fonctionner l'appareil. Il est muni d'une résistance suffisante pour limiter

Fig. 39. — Parafoudre électrostatique A. E. G.

le courant à trois ampères. Son emploi est restreint aux lignes aériennes jusqu'à 13.000 v.

CHAPITRE III

Appareils
ayant pour but de diriger la surtension
vers le parafoudre

Sous ce titre, dont nous ne nous dissimulons pas l'empirisme, nous groupons un certain nombre de dispositifs ayant pour but de faire obstacle au passage de l'onde de surtension, de la détourner ainsi des appareils à protéger pour la diriger (?) vers les appareils de protection.

a) Bobines de self

Le premier en date de ces dispositifs consiste à intercaler des bobines de self entre les machines et le parafoudre. Leur réactance assez faible ne fait pas obstacle au passage du courant industriel à basse fréquence, mais s'oppose au passage d'ondes à haute fréquence provenant de la ligne. Ces bobines ont rendu dans nombre de cas de grands services, mais il va sans dire qu'elles ne protègent que contre les surtensions extérieures, et sont au contraire un obstacle à la décharge par le parafoudre de surtensions provenant des génératrices mêmes.

Il n'est pas rare de constater des surtensions suffisantes pour amorcer l'arc entre bornes d'un alternateur séparé des parafoudres par un interrupteur, ou par des fusibles, et des bobines de self, tandis que ces parafoudres ne fonctionnent pas. Nous décrirons quelques exemples au chapitre XI.

Des faits analogues ont souvent été cités, avec des explications plus ou moins plausibles. On a pu accuser les bobines de self de réfléchir les surtensions sur les alternateurs, et les rendre ainsi responsables

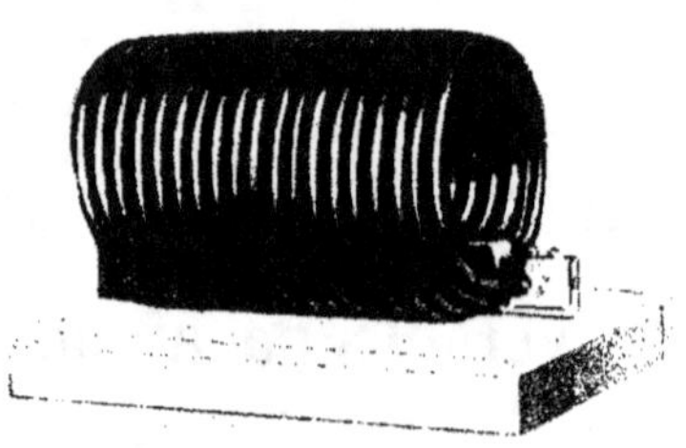

Fig. 40. — Bobine de self pour basse tension.

de détérioration du bobinage de ceux-ci. Aussi trouve-t-on des exploitants qui n'en munissent pas leur station, du moins quand elles comportent des interrupteurs automatiques ou des fusibles.

Ces bobines sont cependant une protection efficace contre les décharges oscillantes d'origine atmosphériques induites sur les lignes, et dont la fréquence est élevée. Leur emploi est ancien, et on les trouve dans les premières installations de transport d'énergie par courant continu et alternatif.

Les premiers modèles installés avec le courant continu comportaient une âme en fer divisée ou non et de nombreuses spires. C'était en somme un électro droit, assez volumineux.

Les modèles actuels n'ont plus de fer quand elles sont destinées à l'alternatif ; mais elles sont quelquefois constituées de spires de fer.

Les figures 40 et 41 montrent la forme qu'a donné à ces bobines la Société Thomson-Houston, pour basses et pour haute tension.

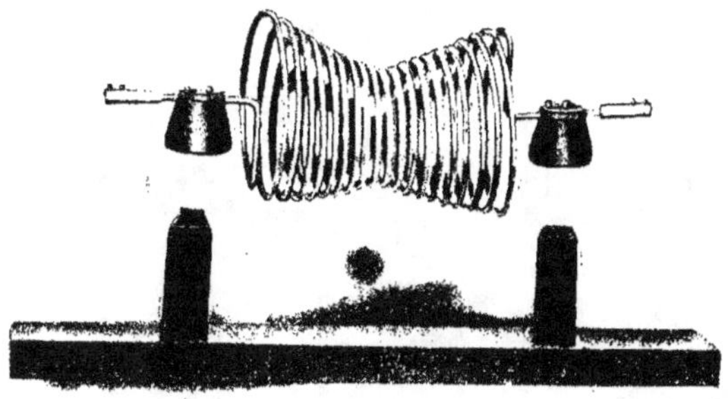

Fig. 41. — Bobine de self pour haute tension.

La Société Alioth leur donne la forme de spirales plates (fig. 42). Les spirales plates ou les solénoïdes diffèrent quelque peu au point

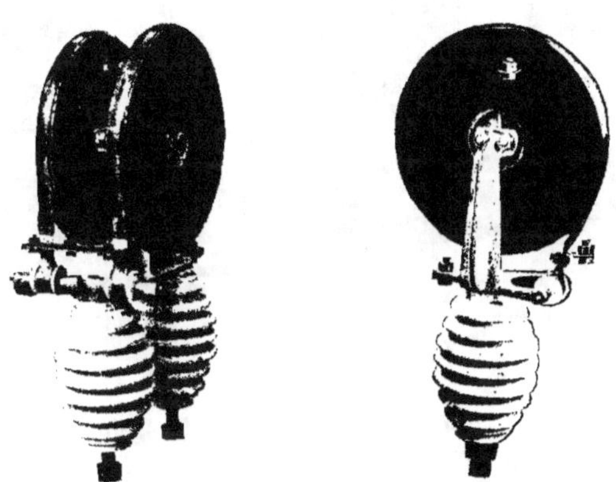

Fig. 42. — Bobines de self en spirales.

de vue de la self, de la capacité des spires entre elles et de la surtension nécessaire pour qu'une surtension passe directement d'une spire à l'autre. Leur résistance apparente croît moins vite que le nombre de spires. En mettant une ou deux spires en court-circuit on modifie

notablement leur mode de fonctionnement ; car non seulement elles
constituent alors une impédance importante pour les courants de
haute fréquence, mais encore elles produisent un amortissement
équivalent à une résistance croissante avec la fréquence. Ce dispositif
est cependant rarement pratiqué.

Fig. 43. — Installation de protection à Marklissa.

Les bobines de self sont en général intercalées entre les appareils
à protéger et les parafoudres. Pour éviter les inconvénients des surtensions se produisant dans ces appareils eux-mêmes, il faut les munir
de limiteurs de tension ou ajouter d'autres parafoudres, ou un éclateur relié aux résistances des parafoudres de la ligne, en amont de
la self.

On peut encore shunter la self par un éclateur ou par une résistance.
La figure 43 montre une installation de protection faite par la

Société Siemens-Schuckert dans la Centrale de Marklissa. Au premier plan sont les résistances dans l'huile, plus en arrière les parafoudres

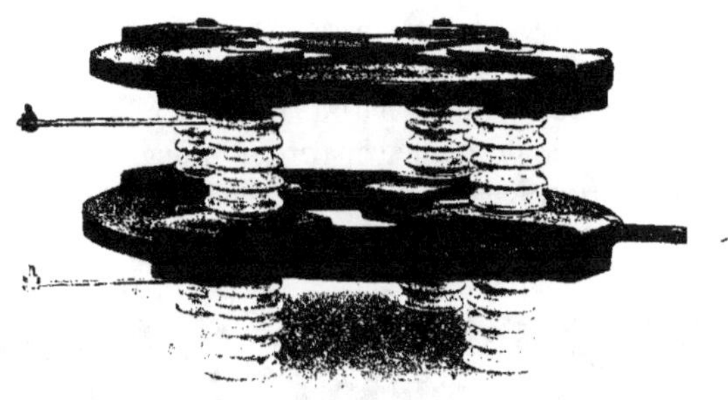

Fig. 44. — Bobine de self Siemens.

à cornes, au-dessous desquels sont les bobines de self du modèle Siemens (fig. 44), en forme de spirales plates.

b) Parafoudre Gola

Ces parafoudres ont existé en multiples modèles, et leur description a été faite à diverses reprises dans les périodiques.

Les premiers modèles consistaient en une double calotte de fonte. Entre ces calottes rapprochées par leur circonférence était intercalé un métal non magnétique, en général du zinc.

Une bobine parcourue par le courant de la ligne créait un flux qui passait par les calottes en se fermant à travers la rondelle de zinc. Les calottes étaient reliées à la ligne, et les machines à la bobine, reliée de son côté aux calottes.

En face de la rondelle de zinc un parafoudre à corne relié à la terre.

On avait donc successivement une capacité (calotte), un champ magnétique dans le voisinage immédiat de l'éclateur en forme de corne, un métal anti-arc, une self, et le fait que les machines étaient reliées à l'intérieur des calottes. Ces multiples protections ne semblent pas avoir une efficacité absolue et le modèle actuel, construit par l'A. E. G., est singulièrement simplifié.

Ce dernier parafoudre Gola, destiné aux lignes aériennes, et pouvant être posé sur poteau, comprend une demi-sphère creuse en fonte, munie extérieurement d'un éclateur à corne dont la ligne de terre peut être munie d'une résistance.

La ligne est connectée à la périphérie externe de la calotte. A l'intérieur de celle-ci est une bobine qui constitue une self et qui est reliée d'une part à la calotte et d'autre part à la station à protéger.

On a donc la succession d'une capacité et d'une self : et on profite du fait que les surtensions à haute fréquence se propageant par la surface ne passent pas à l'intérieur du système.

Fig. 45. — Parafoudre Gola, type A. E. G.

Ce parafoudre a l'inconvénient pour les basses tensions de provoquer une chute de tension. Cette chute est négligeable dès que la tension est élevée. Un grand nombre de réseaux, spécialement en Italie, sont munis de ce parafoudre, et cela à des tensions allant jusqu'à 70.000 v.

On peut objecter à son emploi que, comme pour les selfs, les surtensions d'origine interne sont empêchées de rejoindre la ligne de terre;

mais rien n'empêche d'en installer deux en ordre inverse en amont et en aval des interrupteurs de la station, ceux de l'intérieur installés en limiteurs, sans terres.

c) Parafoudre S. I. G.

Le parafoudre S. I. G. réalise le dispositif de protection breveté sous ce nom par les ingénieurs Pizzutti et Ferrari. Il a pour but de provoquer, en un point déterminé du circuit à protéger, un ventre de l'onde de surtension. Il est composé d'une self et d'un condensateur dont une armature est montée en série sur la ligne, l'autre armature étant reliée à la terre.

Le fonctionnement de l'appareil est basé sur la théorie suivante, empruntée à la communication de l'ingénieur Pizzutti à l'*Associazione Elettrotecnica Italiana*, vol. XIV. Fasc. 4 et 5.

Propagation des oscillations électriques

L'auteur étudie la propagation d'une oscillation le long d'un conducteur de résistance négligeable, de capacité et d'inductance uniformément réparties.

Soient :

I l'intensité instantanée ;

V le potentiel instantané ;

L l'inductance kilométrique ;

C la capacité kilométrique ou par unité de longueur.

Si le conducteur est brusquement chargé en un point quelconque pris comme origine des distances, la charge se propagera avec une vitesse déterminée par les équations suivantes :

$$\left. \begin{aligned} -\frac{dI}{dx} &= C\frac{dV}{dt} \\ -\frac{dV}{dx} &= L\frac{dI}{dt} \end{aligned} \right\} \tag{1}$$

qui donnent les valeurs de I et de V à la distance x de l'origine. Dérivant et multipliant l'une par l'autre ces équations, on trouve :

$$\frac{d^2V}{dx^2} = LC\frac{d^2V}{dt^2} \tag{2}$$

$$\frac{d^2I}{dx^2} = LC\frac{d^2I}{dt^2} \tag{3}$$

Ces équations aux différentielles partielles sont analogues à celles des cordes vibrantes et en général à celles des mouvements vibratoires. Leur intégrale générale est de la forme :

$$V = f_1 (x \sqrt{LC} + t) + f_2 (x \sqrt{LC} - t) \tag{4}$$

où f_1 et f_2 sont deux fonctions quelconques. Elles représentent des ondes qui se propagent dans un sens ou dans l'autre avec la même vitesse, puisque V a la même valeur aux temps t et t', aux deux points dont la distance $x' - x$ satisfait à la condition :

$$t' - t = \pm (x' - x) \sqrt{LC}.$$

La vitesse de propagation est donc :

$$V = \frac{1}{\sqrt{LC}}.$$

Si la période est T, le potentiel sera nul à un moment déterminé aux points :

$$v\frac{T}{2} \; ; \; 2v\frac{T}{2} \; ; \; 3v\frac{T}{2} \; ; \text{ etc.}$$

L'une des ondes peut être considérée comme directe, l'autre comme réfléchie à l'extrémité du conducteur, où l'onde ne peut plus se propager. La longueur d'onde sera inversement proportionnelle à $\sqrt{LC}$.

Relation entre les valeurs maxima du potentiel et de l'intensité d'une onde stationnaire

L'équation :

$$dI = \frac{dI}{dx} dt + \frac{dI}{dt} dt$$

devient par substitution des valeurs tirées des équations (1) :

$$dI = - \left(C \frac{dV}{dt} dx + \frac{1}{L} \frac{dV}{dx} \right) dt. \tag{5}$$

D'autre part, en dérivant les deux membres de l'équation (4), on a :

$$\frac{dV}{dt} = f_1' - f_2' \qquad \text{et} \qquad \frac{dV}{dx} = (f_1' + f_2') \sqrt{LC}.$$

Ces dernières valeurs substituées dans l'équation (5) donnent :

$$dI = - \left[C (f_1' - f_2') dx + \frac{1}{L} \sqrt{CL} (f_1' + f_2') dt \right]$$

$$dI = - \sqrt{\frac{C}{L}} [(\sqrt{CL} \, dx + dt) f_1' - (\sqrt{CL} \, dx - dt) f_2'].$$

On posera pour simplifier :

$$x\sqrt{CL} + t = (u) \tag{6}$$

$$x\sqrt{CL} - t = (v) \tag{7}$$

ce qui donne :

$$dI = -\sqrt{\frac{C}{L}}\,[f_1'(u)\,du - f_2'(v)\,dv],$$

dont l'intégrale est :

$$I = \text{Constante} - \sqrt{\frac{C}{L}}\,(f_1(u) - f_2(v)).$$

Posant :

$$\text{Constante} = 2\sqrt{\frac{C}{L}}\,a$$

où a est une autre constante, on a :

$$I = \sqrt{\frac{C}{L}}\left((2a - f_1(u) + f_2(v)\right) = \sqrt{\frac{C}{L}}\left[\left(a - f_1(u)\right) + \left(a + f_2(v)\right)\right].$$

Posant :

$$f_1(u) - a = \varphi(u) \tag{8}$$

$$f_2(v) + a = \psi(v) \tag{9}$$

il vient :

$$I = \sqrt{\frac{C}{L}}\left(\psi(v) - \varphi(u)\right).$$

On avait d'autre part :

$$V = f_1(x\sqrt{LC} + t) + f_2(x\sqrt{LC} - t) \tag{4}$$

ou :

$$V = f_1(u) + f_2(v)$$

d'où, par comparaison avec (8) et (9) :

$$V = \varphi(u) + \psi(v).$$

Les valeurs de V et de I, à un moment donné, et à la distance x de l'origine, sont donc données par les équations :

$$V = \varphi(x\sqrt{CL} + t) + \psi(x\sqrt{CL} - t) \tag{10}$$

$$I = \sqrt{\frac{C}{L}}\left[-\varphi(x\sqrt{CL} + t) + \psi(x\sqrt{CL} - t)\right]. \tag{11}$$

Dans ces équations, φ et ψ sont des fonctions arbitraires et représentent des ondes qui se propagent dans l'un et l'autre sens avec la vitesse $v = \dfrac{1}{\sqrt{LC}}$.

Si le conducteur est isolé à son extrémité l'intensité I sera nulle en ce point pour lequel $x = l$.

On aura alors :

$$\varphi (l \sqrt{CL} + t) = \psi (l \sqrt{CL} - t) \tag{12}$$

qui satisfait à l'équation :

$$I = 0.$$

L'équation (12) introduite dans l'équation (10) donne :

$$V = 2 \varphi (l \sqrt{CL} + t). \tag{13}$$

On en conclut qu'à l'extrémité du conducteur le potentiel V est égal à la somme des potentiels de l'onde directe et de l'onde réfléchie, égaux et de même signe. Il passe donc par un maximum et détermine un *ventre* d'oscillation de l'onde stationnaire. Un premier *nœud* d'oscillation se formera à la distance égale à un quart d'onde ; puis les suivants à des distances égales à une demi-onde.

Réflexion des ondes émises sur un conducteur formé de deux branches l_1 et l_2 dont la capacité et les inductances sont C_1 et C_2, L_1 et L_2.

Provoquons à l'origine une oscillation de *forme sinusoïdale*. Le potentiel sera de la forme :

$$V (v)^{j\omega t}$$

où V est l'amplitude, t le temps, $\omega = 2\pi f$, f la fréquence, v la variable indépendante.

Soient $V_1 I_1$ le potentiel et l'intensité de la première branche, $V_2 I_2$ de la seconde, à une distance x du point commun pris comme origine.

Nous aurons les équations analogues aux équations (1) :

$$-\frac{dI_1}{dx} = C_1 \frac{dV_1}{dt} \tag{14} \qquad\qquad -\frac{dI_2}{dx} = C_1 \frac{dV_2}{dt} \tag{16}$$

$$-\frac{dV_1}{dx} = L_1 \frac{dI_1}{d} \tag{15} \qquad\qquad -\frac{dV_2}{dx} = L_2 \frac{dI_2}{dt} \tag{17}$$

Si l'oscillation est sinusoïdale on devra satisfaire aux équations ci-dessus en posant :

$$V_1 = v_1 v^{j\omega t}$$

$$I_1 = i_1 v^{j\omega t} \qquad \text{etc.}$$

Remplaçant dans (1) il vient :

$$-\frac{di_1}{dx} v^{j\omega t} = C_1 j\omega v_1 v^{j\omega t}$$

et remplaçant dans (15) :

$$-\frac{dv_1}{dx} v^{j\omega t} = L_1 j\omega i_1 v^{j\omega t}.$$

En simplifiant on obtient :

$$-\frac{di_1}{dx} = C_1 j\omega v_1 ; \qquad -\frac{dv_1}{dx} = L_1 j\omega i_{\cdot 1}. \tag{18}$$

En dérivant cette dernière expression par rapport à x :

$$-\frac{d^2 v}{dx^2} = j\omega L_1 \frac{di_1}{dx} = -j^2 \omega^2 C_1 L_1 v_1 = \omega^2 C_1 L_1 v_1. \tag{19}$$

Posant $m_1{}^2 = \omega^2 C_1 L_1$, il vient :

$$\frac{d^2 v}{dx^2} + m_1{}^2 v_1 = 0.$$

L'intégrale de cette équation est :

$$v_1 = A_1 \cos m_1 x + B_1 \sin m_1 x, \tag{20}$$

A_1 et B_1 étant des constantes.

D'autre part l'équation (18) donne pour i_1 :

$$i_1 = -\frac{dv_1}{dx} \cdot \frac{1}{L_1 j\omega} \cdot$$

Or, d'après (20) :

$$\frac{dv_1}{dx} = (-A_1 \sin m_1 x + B_1 \cos m_1 x) m_1$$

et
$$m_1 = \omega \sqrt{C_1 L_1}$$

d'où :

$$i_1 = \sqrt{\frac{C_1}{L_1}} (-A_1 \sin m_1 x + B_1 \cos m_1 x) j.$$

Posant :

$$Z_1 = \sqrt{\frac{C_1}{L_1}},$$

on aura finalement :

$$V_1 = v_1 v^{j\omega t} = (A_1 \cos m_1 x + B_1 \sin m_1 x) v^{j\omega t} \tag{21}$$

$$I_1 = i_1 v^{j\omega t} = Z_1 (-A_1 \sin m_1 x + B_1 \cos m_1 x) j v^{j\omega t} \tag{22}$$

on aurait de même pour la deuxième branche :

$$V_2 = (A_2 \cos m_2 x + B_2 \sin m_2 x) v^{j\omega t} \tag{23}$$

$$I_2 = Z_2 (-A_2 \sin m_2 x + B_2 \cos m_2 x) j v^{j\omega t} \tag{24}$$

La détermination des quatre constantes A_1, B_1, A_2, B_2, se fera en se basant sur les conditions qui doivent être réalisées dans le circuit. A l'origine de la première branche où $x = 0$ on aura :

$$(V_1)_{x\,=\,0} = V_0^{j\omega t}. \tag{25}$$

Au point commun des deux branches, $x = l$ pour la première et $x = 0$ pour la seconde ; et le potentiel et les intensités devront être identiques. Donc :

$$\begin{array}{l}(V_1)_{x\,=\,l_1} = (V_2)_{x\,=\,0} \\[2mm] (I_1)_{x\,=\,l_1} = (I_2)_{x\,=\,0}\end{array} \tag{26}$$

A l'extrémité de la deuxième branche le courant doit être nul :

$$(I_2)_{x\,=\,l_2} = 0 \tag{27}$$

On en tire en remplaçant (25) dans (21) ; (26) dans (21) et (23) ; (26) dans (22) et (24) et (27) dans (24) :

$$A_1 = V \tag{28}$$

$$A_1 \cos m_1 l_1 + B_1 \sin m_1 l_1 = A_2 \tag{29}$$

$$\frac{Z_1}{Z_2}\left(-A_1 \sin m_1 l_1 + B_1 \cos m_1 l_1\right) = B_2 \tag{30}$$

$$-A_2 \sin m_2 l_2 + B_2 \cos m_2 l_2 = 0 \tag{31}$$

Au moyen de ces quatre équations du premier degré on pourra déterminer les valeurs des constantes. On aura ainsi :

$$A_1 = V$$

$$B_1 = V \frac{Z_1 \sin m_1 l_1 \cos m_2 l_2 + Z_2 \cos m_1 l_1 \sin m_2 l_2}{Z_1 \cos m_1 l_1 \cos m_2 l_2 - Z_2 \sin m_1 l_1 \sin m_2 l_2}$$

$$A_2 = V \frac{Z_1 \cos m_2 l_2}{Z_1 \cos m_1 l_1 \cos m_2 l_2 - Z_2 \sin m_1 l_1 \sin m_2 l_2}$$

$$B_2 = V \frac{Z_1 \sin m_2 l_2}{Z_1 \cos m_1 l_1 \cos m_2 l_2 - Z_2 \sin m_1 l_1 \sin m_2 l_2}$$

Appelons D le dénominateur de ces trois dernières expressions et substituons les valeurs trouvées pour les constantes dans (21), (22), (23) et (24) :

$$\text{I)} \qquad V_1 = \frac{V_o e^{j\omega t}}{D}\,[Z_1 \cos m_2 l_2 \cos m_1 (x - l_1) + Z_2 \sin m_2 l_2 \sin m_1 (x - l_1)].$$

$$\text{II)} \qquad I_1 = \frac{Z_1 V_o e^{j\omega t}}{D}\, j\,[- Z_1 \cos m_2 l_2 \sin m_1 (x - l_1) + Z_2 \sin m_2 l_2 \cos m_1 (x - l_1)].$$

$$\text{III)} \qquad V_2 = \frac{Z_1 V_o e^{j\omega t}}{D}\, \cos m_2(x - l_2).$$

$$\text{IV)} \qquad I_2 = - j\,\frac{Z_1 Z_2 V_o e^{j\omega t}}{D}\, \sin m_2(x - l_2).$$

Pour déterminer la valeur de x pour laquelle V_1 passe par un maximum, on dérive l'expression entre [   ] de l'équation I ; ce qui donne :

$$- Z_1 \cos m_2 l_2 \sin m_1 (x - l_1) + Z_2 \sin m_2 l_2 \cos m_1 (x - l_1).$$

Egalant à zéro on obtient :

$$\operatorname{tg} m_1 (x - l_1) = \frac{Z_2}{Z_1} \operatorname{tg} m_2 l_2.$$

En substituant cette valeur dans l'équation I on aura après simplification :

$$V_{1\max} = \frac{V_o e^{j\omega t}}{D}\, \sqrt{Z_1{}^2 \cos^2 m_2 l_2 + Z_2{}^2 \sin^2 m_2 l_2}.$$

Pour déterminer la valeur de x pour laquelle V_2 est maximum on égale à zéro la dérivée de l'équation III par rapport à x; ce qui donne:

$$\operatorname{tg} m_2 x = \operatorname{tg} m_2 l_2,$$

valeur qui, substituée dans III, donne :

$$V_{2\max} = \frac{V_o e^{j\omega t}}{D}\, \sqrt{Z_1{}^2 \cos^2 m_2 l_2 + Z_1{}^2 \sin^2 m_2 l_2}.$$

Cas particuliers :

a)
$$Z_1 = Z_2,$$

c'est-à-dire :

$$\sqrt{\frac{C_1}{L_1}} = \sqrt{\frac{C_1}{L_2}}$$

$$V_{1max} = V_{2\,max}$$

Le potentiel a la même valeur dans les deux branches du circuit.

b) Soient Z_1 très grand et Z_2 très petit.

Les valeurs de V_1 et I_1, exprimées par les équations I et II, deviennent pour la première branche du circuit :

$$V_1' = \frac{V \varrho^{j\omega t}}{\cos m_1 l_1} \cos m_1 (x - l_1) \tag{32}$$

$$I'_1 = - Z_1 \frac{V j \varrho^{j\omega t}}{\cos m_1 l_1} \sin m_1 (x - l_1) \tag{33}$$

et pour la deuxième branche :

$$V_2' = \frac{V \varrho^{j\omega t}}{\cos m_1 l_1 \cos m_2 l_2} \cos m_2 (x - l_2) \tag{34}$$

$$I_2' = - Z_2 \frac{V j \varrho^{j\omega t}}{\cos m_1 l_1 \cos m_2 l_2} \sin m_2 (x - l_2) \tag{35}$$

c) Faisons maintenant Z_1 très petit et Z_2 très grand. Les valeurs de V_1 et I_1 deviennent :

$$V_1'' = - \frac{V \varrho^{j\omega t}}{\sin m_1 l_1} \sin m_1 (x - l_1)$$

$$I_1'' = - Z_1 \frac{V j \varrho^{j\omega t}}{\sin m_1 l_1} \cos m_1 (x - l_1).$$

Considérons d'autre part la première branche du circuit supposée *isolée de la seconde*. Si nous avons à l'origine le potentiel $V\varrho^{j\omega t}$, les valeurs du potentiel et de l'intensité seront en fonction de x, d'après les équations I et II :

$$V_2''' = \frac{V \varrho^{j\omega t} \cos m_1 (x - l_1)}{\cos m_1 l_1}$$

$$I_1''' = \frac{- Z_1 V \varrho^{j\omega t} j \sin m_1 (x - l_1)}{\cos m_1 l_1}.$$

Ces deux équations sont identiques aux équations (32) et (33) relatives au cas particulier où Z_1 est très grand et Z_2 très petit. En réalisant ce cas particulier on obtient par conséquent *les mêmes phénomènes qui se produisent à l'extrémité d'un conducteur.*

Nous savons qu'à l'extrémité d'un conducteur le potentiel passe par un maximum. De plus la distribution du potentiel dans la seconde branche du circuit se fera comme si cette seconde branche était isolée de la première et qu'on lui communiquât à l'origine un potentiel égal au potentiel de l'extrémité de la première branche, c'est-à-dire :

$$\frac{V e^{j\omega t}}{\cos m_1 l_1}.$$

En effet, en supposant cette dernière valeur égale au potentiel initial de la seconde branche, prise isolément, on obtient les valeurs suivantes pour le potentiel et l'intensité en fonction de x :

$$V_2''' = \frac{V e^{j\omega t}}{\cos m_1 l_1 \cos m_2 l_2} \cos m_2 (x - l_2)$$

$$I_2''' = \frac{- Z_2 j V e^{j\omega t}}{\cos m_1 l_1 \cos m_2 l_2} \sin m_2 (x - l_2).$$

Ces deux équations sont égales aux équations 34 et 35.

Par conséquent, lorsqu'une décharge se propage dans un circuit composé de deux branches, dont la première a pour $Z_1 = \sqrt{\dfrac{C}{L}}$ une valeur très grande, et la seconde a pour $Z_1 = \sqrt{\dfrac{C}{L}}$ une valeur très petite, tout se passe comme si les deux branches étaient isolées l'une de l'autre. Il se produit donc à *l'extrémité de la première branche un ventre d'oscillation du potentiel.*

D'une manière générale, l'examen des équations établies plus haut montre que la propagation des ondes dépend du facteur $\sqrt{\dfrac{C}{L}}$. Tant que $\sqrt{\dfrac{C}{L}}$ est constant la propagation de l'onde est continue. Lorsque ce rapport se modifie la propagation cesse d'être continue. On pourra donc déterminer des points du circuit où l'onde des potentiels ne passera pas par un ventre d'oscillation.

Ce qui précède montrerait que les bobines de self réalisent déjà une certaine protection contre les surtensions, à condition d'être installées dans le voisinage immédiat d'un déchargeur. Cependant, pour localiser en un point déterminé le ventre d'oscillation de la surtension, il faut insérer sur la ligne successivement un condensateur et une self, réalisant ainsi le cas d'un conducteur dans lequel le rapport $\sqrt{\dfrac{C}{L}}$ passe brusquement d'une valeur très élevée à une valeur très faible.

Le parafoudre S.I.G. est donc composé d'un condensateur et d'une self. La construction de la self ne présente rien de spécial. Le conden-

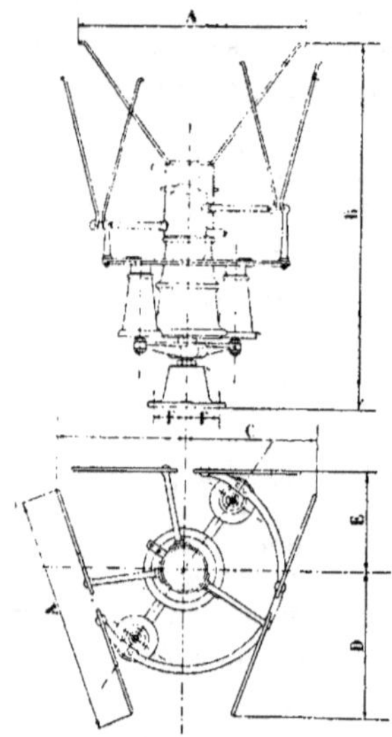

Fig. 46 et 47.

Parafoudre S. I. G. pour montage à couvert.

sateur est composé de deux armatures cylindriques, concentriques, séparées par un diélectrique de porcelaine. L'armature intérieure est à la terre. Les figures 46 et 47 montrent l'aspect de l'appareil pour montage intérieur, dont le schéma est donné par la figure 48.

Dans ce type le déchargeur est formé de quatre paires de cornes disposées sur la surface de l'armature extérieure. Le but de ces quatre

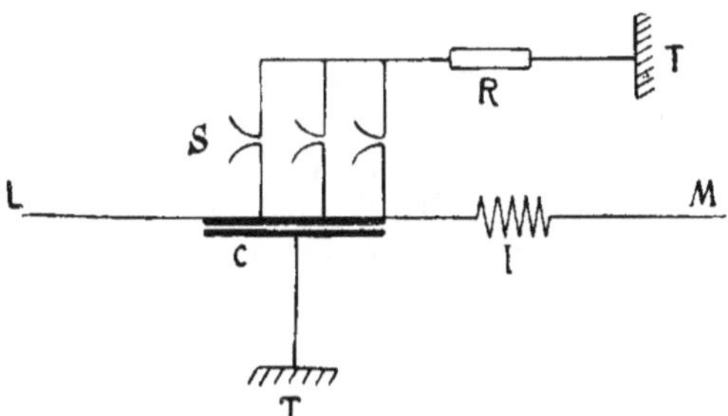

Fig. 48. — Schéma d'installation du parafoudre S. I. G. pour montage extérieur.

cornes est d'avoir sûrement un éclateur à l'endroit où se produira un ventre de tension de l'oscillation. La pratique a montré qu'en effet c'est tantôt l'une, tantôt l'autre des cornes qui fonctionne, quelquefois même plusieurs à la fois.

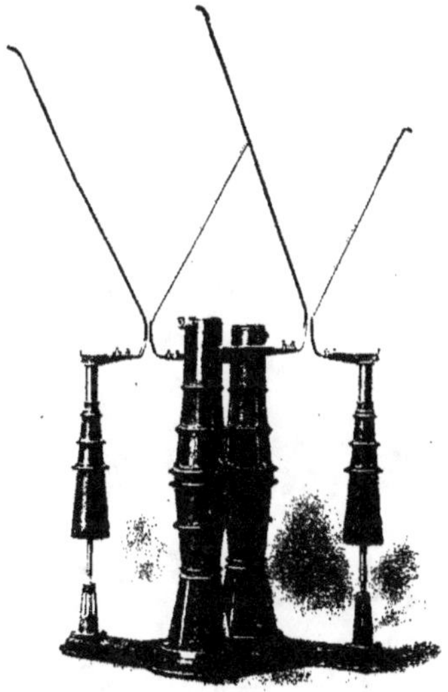

Un autre type, monté sur isolateur à cloche, est destiné au montage à l'extérieur.

Voir figure 49 un type établi pour 90.000 volts.

Les parafoudres S.I.G. n'ont été jusqu'ici installés que sur un petit nombre de réseaux italiens. L'un des auteurs a eu l'occasion d'en constater le fonctionnement sur une ligne à 5.000 v, et a pu recueillir des rapports circonstanciés sur son emploi pour une ligne à 30.000 v. On a pu observer en particulier un cas où seuls ces parafoudres S.I.G. ont fonctionné lors d'un orage qui éclatait à

Fig. 49.

Parafoudre S. I. G. établi pour 90.000 volts.

70 km. de la station où ils sont montés. D'autre part on a constaté le fonctionnement de l'appareil alors que la self n'était pas installée,

ce qui pourrait infirmer partiellement la théorie exposée plus haut. Cette démonstration repose sur l'hypothèse de l'onde sinusoïdale, et néglige la résistance de la ligne. Le phénomène est donc plus complexe que la théorie.

Le parafoudre S. I. G. doit être installé en série sur la ligne, et de telle manière que la succession soit :

Ligne, capacité, éclateurs, selfs, machines. Ce montage en série a comme inconvénient un certain encombrement ; mais il semble bien comporter des avantages de principe indépendants du système de l'appareil.

CHAPITRE IV

Parafoudres à résistance variable

Nous groupons ici des modèles bien différents, mais qui ont des propriétés communes.

a) Parafoudres à poudres

La conductibilité des corps en poudre ou en limailles a fait l'objet de nombreux travaux depuis que le physicien Branly en a montré, après de Rosenshäld, les curieuses propriétés. On connaît leur application à la télégraphie sans fil.

La poudre de charbon a, un moment, attiré l'attention par sa propriété d'être un cohéreur automatiquement décohérant. La Compagnie de l'Industrie Électrique à Genève l'a appliquée à divers appareils utilisant la diminution de résistance d'une poudre enfermée entre deux électrodes à partir d'une certaine tension appliquée à ces électrodes. Comme suite aux travaux de Tommasina, M. Rudhardt a appliqué à ces appareils un mélange de charbon et de poudres isolantes, permettant un réglage plus facile de la tension limite.

En appliquant aux électrodes des tensions croissantes on observe qu'au delà d'un certain chiffre la poudre devient conductrice et laisse passer le courant. Dès que la surtension disparaît la conductibilité reprend sa valeur primitive. Le voltage limite est fonction

de l'état du charbon, de la distance des électrodes, des corps mélangés
et surtout de la pression. C'est à cette dernière qu'on peut avoir le
plus facilement recours avec la poudre de charbon.

Un parafoudre C.I.E.M. se composera donc d'un tube de porcelaine,
ayant la forme extérieure de certains coupe-circuit, contenant deux
plaques métalliques en relation avec la ligne d'une part et la terre
d'autre part. Une vis de pression permet de régler expérimentalement
la tension limite.

La figure 50 indique la disposition d'un appareil simple comportant
un tube à poudre et un fusible, en série. Suivant l'installation à protéger on dispose les tubes à poudre de charbon en série ou en parallèle,
avec fusibles communs ou distincts, et ligne de terre comportant

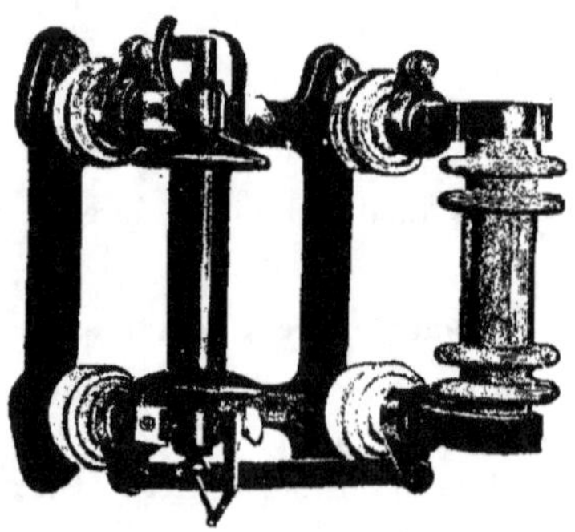

Fig. 50. — Parafoudre C.I.E.M. ancien type.

une résistance ou non. Quand le voltage est variable (transport
série-continu), il est bon de mettre, suivant la tension en ligne, les tubes
en série ou en dérivation.

La figure 51 représente un exemple de ces groupements qui se font
avec la plus grande facilité au moyen de commutateurs.

Il peut arriver, lorsque ces appareils sont installés sans résistance
ohmique sur la ligne de terre, qu'une forte décharge les détériore,
malgré la présence du fusible. Cela se produit surtout quand les
exploitants remplacent le fusible qui a fondu par un autre plus puis-

sant. Ces accidents sont évités avec des résistances hydrauliques ou autres.

Un avantage du système est de décharger les charges statiques,

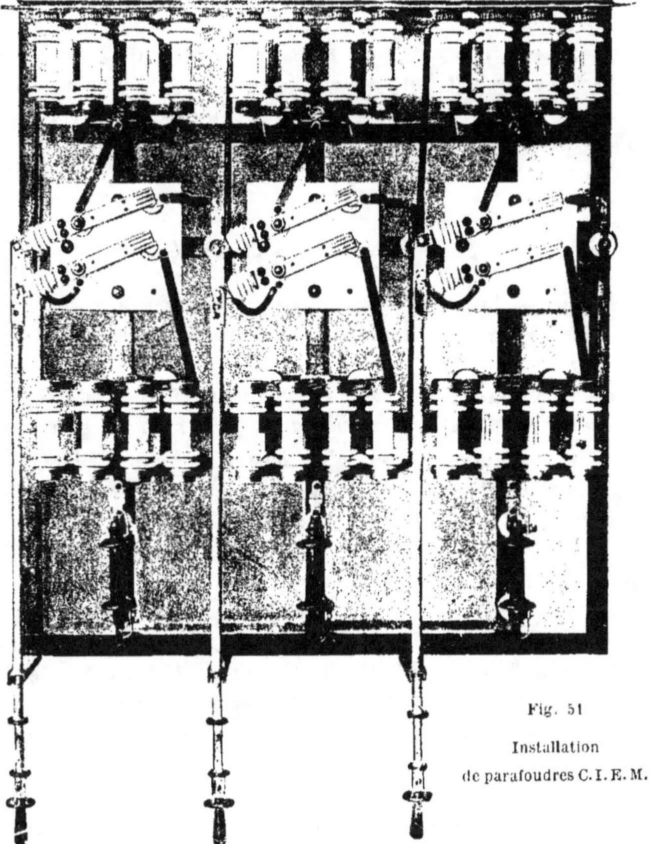

Fig. 51

Installation
de parafoudres C. I. E. M.

et de rendre inutiles les déchargeurs à eau, à selfs ou à résistance. De nouveaux modèles sont à l'étude.

Nous avons vu que dans les parafoudres à cornes de la même Compagnie chaque paire de cornes est pourvue, en dérivation, d'un tube à poudre de charbon. Ces tubes sont encore employés (brevet Thury) comme équilibreurs de tensions des bâtis de machines en série.

b) Parafoudres à vapeur de mercure

Un tube à vapeur de mercure n'amorce l'arc qu'au-dessus d'une certaine tension, assez élevée ; mais dès qu'il est amorcé le courant se maintient avec une tension basse, en rapport avec la longueur du tube. Avec l'alternatif l'arc s'éteint cependant au premier passage à zéro de la période. On a proposé sur ce principe des parafoudres dont nous ne connaissons pas les résultats pratiques.

c) Les parafoudres électrolytiques

Généralités. — Le *parafoudre à électrodes d'aluminium*, dit électrolytique, est construit en Amérique par la Général Electric Cᵒ, et en Europe par l'A. E. G. Il est construit en France par la Compagnie Française Thomson-Houston à Paris. Nous empruntons sa description à son *Bulletin* nᵒ 164 et au *Bulletin* 2ᵉ série nᵒ 1 de mai 1912.

Un élément composé de deux électrodes d'aluminium plongés dans un liquide convenable présente cette propriété de n'être le siège que d'un courant extrêmement faible, tant que le voltage dynamique auquel on le soumet reste inférieur à une certaine valeur, dite voltage critique, qui dépend de la pellicule recouvrant les électrodes et de la nature de l'électrolyte. Dès que le voltage aux bornes des éléments atteint ou dépasse cette valeur critique, le courant devient très intense et n'est plus limité que par la faible résistance intérieure des éléments. Aussitôt que le voltage est redevenu normal, c'est-à-dire est descendu au-dessous de la tension critique, l'intensité du courant reprend aussi sa valeur initiale, c'est-à-dire redevient pratiquement nulle.

L'action de la pellicule d'hydroxyde peut donc être comparée à celle de la soupape de sûreté d'une chaudière à vapeur, s'ouvrant et livrant passage à la vapeur dès que la pression dans cette chaudière atteint ou dépasse une valeur bien déterminée, et seulement tant que dure l'excès de pression. Dans le cas des éléments en aluminium, il y aurait, en quelque sorte, sur les électrodes une infinité de petits clapets s'ouvrant dès que la pression électrique atteint la valeur critique, et livrant alors passage à un courant intense également distribué sur toute la surface.

Lorsqu'un élément est branché d'une manière permanente sur un réseau, il y a lieu d'établir une distinction entre son voltage critique permanent et ses voltages critiques temporaires. Si on suppose un élément soumis d'une manière prolongée à un voltage de 300 v et qu'on relève brusquement ce voltage à 325 v, l'élément deviendra le siège d'un courant très intense qui persistera jusqu'à ce que la pellicule d'hydroxyde recouvrant les électrodes se soit suffisamment épaissie

Fig. 52. — Parafoudre électrolytique pour circuit triphasé à 45.000 volts point neutre isolé.

pour compenser cet accroissement de voltage et réduire le courant à une valeur très faible. De même, si on augmente à nouveau brusquement le voltage aux bornes des éléments, les mêmes phénomènes se reproduiront. Ces différents voltages, que l'on ne peut dépasser sans donner naissance à des afflux de courant temporaires, sont dénommés par nous voltages critiques temporaires.

En augmentant, comme il a été dit ci-dessus, de plus en plus le voltage, il arrivera un moment où la pellicule ne pourra plus s'épaissir, et, par conséquent, ne pourra plus réduire le courant circulant dans l'appareil.

Ce voltage limite est le voltage critique permanent de l'élément.

Si après avoir maintenu, pendant un temps suffisamment long, un certain voltage critique aux bornes de l'élément, on abaisse ce voltage, la pellicule d'hydroxyde déposée sur les électrodes se dissoudra partiellement jusqu'à ce que son épaisseur se soit réduite suffisamment pour correspondre au nouveau voltage, lequel deviendra à son tour un voltage critique temporaire.

La courbe donnant le courant dans l'élément en fonction du voltage auquel il est soumis varie quelque peu quand on passe du courant continu au courant alternatif.

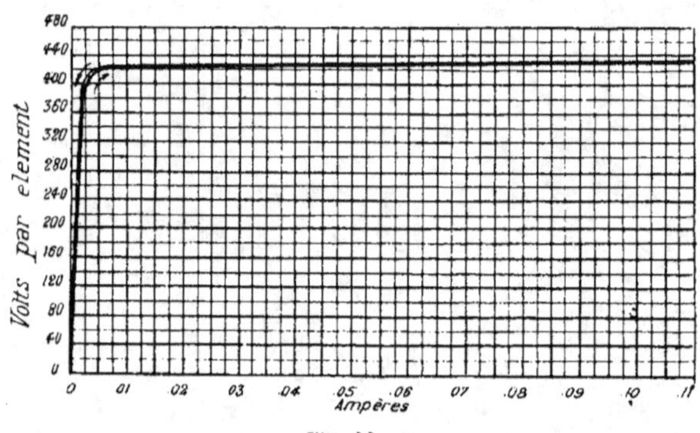

Fig. 53.

Dans le cas du courant continu, lorsque le voltage est inférieur au voltage critique, aucun courant ne passe dans l'élément, sauf un très faible courant de fuite traversant la pellicule ; dans le cas de l'alternatif, au contraire, l'élément joue le rôle d'une capacité et est le siège, non seulement d'un courant de fuite traversant la pellicule, mais encore d'un courant dû à cette capacité, et qui est décalé en avant d'environ 90° par rapport au voltage aux bornes de l'élément.

La courbe de la figure 53 donne le courant en fonction du voltage, dans le cas du courant continu, pour un élément dont le voltage critique permanent est de 420 v.

La courbe de la figure 54 donne, à une échelle plus réduite, les valeurs de ce courant pour des voltages supérieurs au voltage critique permanent, dans le cas du courant continu.

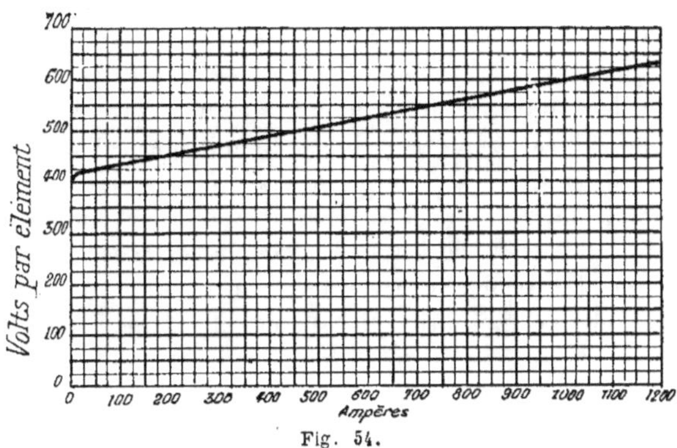

Fig. 54.

La courbe de la figure 55 donne, pour le même élément, le courant en fonction du voltage, dans le cas du courant alternatif.

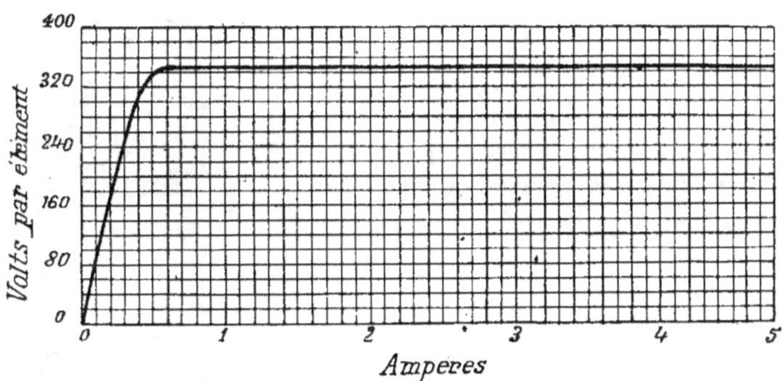

Fig. 55.

Dissolution de la couche d'hydroxyde au contact de l'électrolyte. — La pellicule d'hydroxyde présente la propriété de se dissoudre lentement lorsque les électrodes sont en contact avec l'électrolyte et ne sont soumis à aucun voltage.

Lorsqu'un élément est remis en circuit après être resté un certain temps hors circuit, on constate un afflux considérable de courant qui a pour effet de ramener, sur les électrodes, la partie de la pellicule qui s'était dissoute et de rendre ainsi à cette dernière son épaisseur primitive. L'intensité de ce courant initial est d'autant plus grande que le temps pendant lequel l'élément est resté hors service a été plus long.

Lorsque l'élément est resté pendant quelque temps hors service, il peut arriver, dans les pays à climat chaud, que cet afflux initial de courant soit suffisant pour faire déclencher les disjoncteurs ou les interrupteurs à huile, et qu'en outre, par suite de cet afflux considérable de courant, la température des éléments s'élève d'une manière exagérée. Cependant, lorsque les éléments ne restent pas plus d'un jour hors service, la diminution d'épaisseur de la pellicule n'est pas appréciable et l'afflux initial de courant est négligeable, ou tout au moins sans inconvénient.

Il y a intérêt à ne pas laisser le parafoudre électrolytique continuellement sous tension.

Pour concilier ces divers desiderata, il faut munir les parafoudres d'un dispositif approprié, permettant, par une manœuvre très simple, de brancher le parafoudre tantôt directement sur la ligne, pour la reformation de la pellicule d'hydroxyde, tantôt en série avec un intervalle d'air, pour le fonctionnement normal, et de maintenir de cette façon la pellicule d'hydroxyde en de bonnes conditions.

La forme de ce nouveau parafoudre varie quelque peu, suivant le voltage du réseau sur lequel il est branché, et suivant que ce réseau a ou non son point neutre à la terre.

Les divers types se différencient, soit par les dispositions adoptées pour les intervalles d'air, soit par la forme et le groupement des éléments. Tous les types sont constitués par une ou plusieurs séries de cônes ou cuvettes coniques superposées, en alumi-

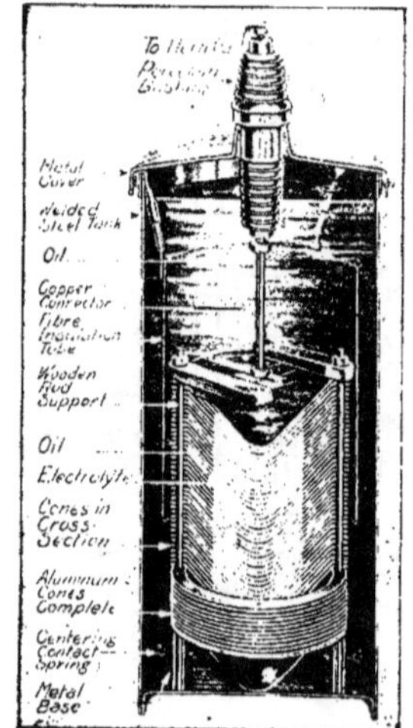

Fig. 56. — Vue en coupe d'un parafoudre électrolytique.

nium. Ces cuvettes ont le même axe, convergent vers le bas et sont écartées les unes des autres d'environ 7^{mm},5. Chaque cuvette reçoit une certaine quantité d'électrolyte, qui remplit ainsi partiellement l'intervalle compris entre deux cuvettes adjacentes. L'ensemble des cônes est ensuite immergé dans une cuve pleine d'huile. Cette cuve, qui est représentée par la figure 56, est en acier, et tous ses joints sont soudés.

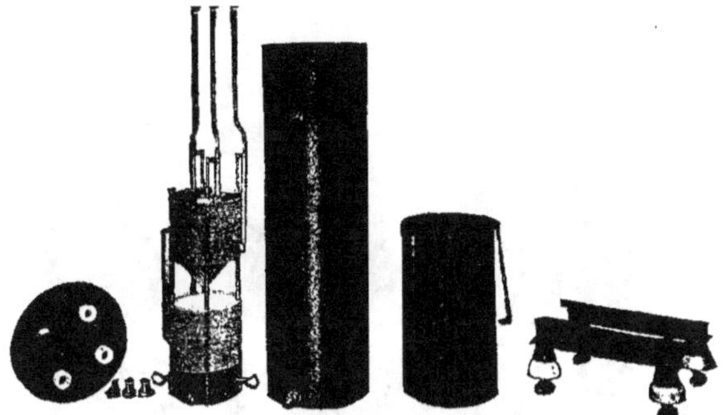

Fig. 57. — Éléments de parafoudre électrolytique pour circuit 7.500 volts.

A l'exception de l'électrolyte, tout ce qui relie les cônes entre eux les isole en même temps. L'huile de la cuve améliore encore cet isole-

Fig. 58. — Éléments de parafoudre électrolytique pour circuit de 15.000 volts.

ment, tout en augmentant la capacité calorifique de l'appareil et en empêchant l'électrolyte de s'évaporer. Les figures 57 et 58 montrent l'appareil démonté.

Chaque parafoudre comporte autant de séries de cônes qu'il y a de
phases à protéger, lesquelles séries sont montées en étoile, c'est-à-dire
ont un pôle commun. Dans le cas d'un circuit à point neutre non mis
à la terre, on ajoute une série additionnelle de cônes, branchée entre ce
pôle commun et la terre.

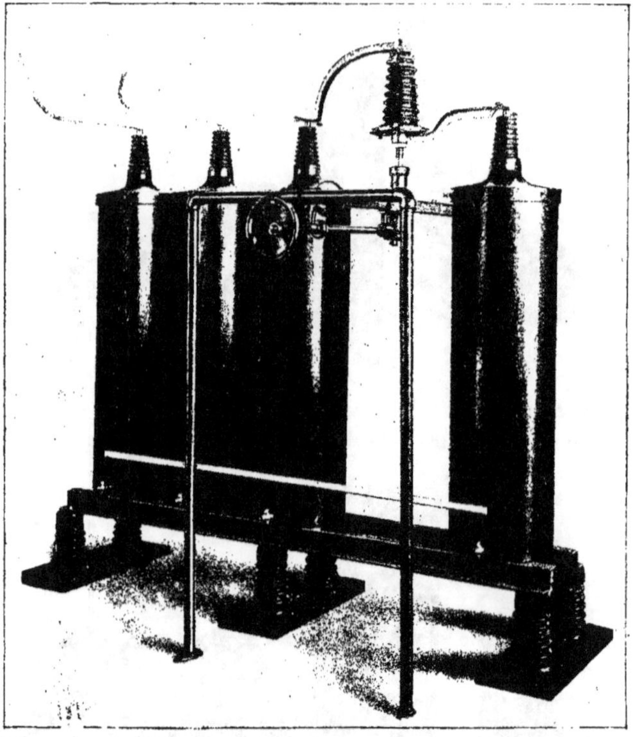

Fig. 59. — Cuves, dispositif intervertisseur et support de parafoudres
pour circuit triphasé 35.000 volts avec point neutre isolé.

Pour les parafoudres à installer sur des circuits dont le voltage est
compris entre 1.000 à 7.500 v, les échauffements sont si minimes,
par suite des dimensions très faibles des séries de cônes, qu'il est
superflu d'immerger les différentes séries d'un même parafoudre dans
des cuves séparées. Il ne faut donc des cuves séparées que pour les

parafoudres pour circuits à voltage supérieur à 7.500 v. Au-dessus de ce voltage, il y aura donc quatre cuves pour les circuits à point neutre non à la terre.

Comme les nouveaux parafoudres ne doivent pas être branchés d'une manière permanente entre le réseau et le sol, on interpose normalement entre le réseau et le parafoudre un intervalle d'air à cornes réglé pour un voltage légèrement supérieur à celui du réseau et qui a pour but d'empêcher que le parafoudre soit soumis, d'une manière constante, au voltage du réseau ; on élimine de cette façon les fuites de courant dans le parafoudre tant que le voltage reste normal, et on augmente aussi la durée de l'appareil.

Ces intervalles à cornes sont en outre construits de façon à pouvoir servir, grâce à une manœuvre simple :

1º A mettre hors circuit le parafoudre lorsqu'on désire l'isoler complètement de la ligne, dans le but, soit de le visiter, soit de le réparer ;

2º A brancher directement, c'est-à-dire sans l'interposition d'un intervalle d'air, le parafoudre sur la ligne ; opération qu'il est nécessaire d'effectuer une fois par jour, en vue de maintenir la pellicule d'hydroxyde à l'épaisseur voulue.

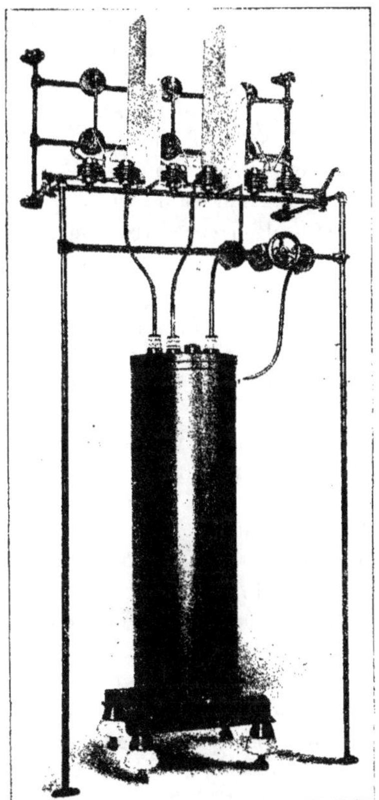

Fig. 60. — Parafoudre électrolytique pour circuit triphasé 7.500 volts, avec point neutre isolé.

La figure 60 montre le type d'intervalle d'air à cornes employé pour circuit triphasé à voltage inférieur à 7.500 v ; pour chaque phase, il est prévu un intervalle d'air réglable monté sur une base en porcelaine.

La mise en court-circuit de ces intervalles d'air s'effectue à l'aide d'une tige mobile isolée portant trois ponts métalliques venant relier entre elles les deux branches de chacun des trois intervalles à cornes ; la mise hors circuit du parafoudre électrolytique s'effectue à l'aide de fusibles amovibles, qui sont montés avec l'intervalle d'air sur des supports isolés en bois.

Pour les voltages supérieurs à 7.500 v les intervalles à cornes sont montés sur un châssis commun en fer constitué par des tubes.

On doit éviter d'installer un parafoudre construit pour circuit dont le point neutre est mis directement à la terre (c'est-à-dire sans l'intermédiaire de résistances) sur un circuit dont le point neutre n'est mis que partiellement à la terre (c'est-à-dire par l'intermédiaire d'une résistance plus ou moins grande). Si en effet une terre vient à se produire sur l'une des phases et que le disjoncteur ne déclenche pas aussitôt, le voltage dynamique, sur les séries des cônes correspondant à chacune des autres phases, devient brusquement égal au voltage de la ligne, c'est-à-dire, dans le cas d'un circuit triphasé, augmenté d'environ 73%.

Le nouveau voltage par élément sera alors de 50% supérieur au voltage critique permanent, et fera naître, par suite, dans le parafoudre, un courant de très grande intensité.

Pour les circuits à point neutre à la terre, le sommet de chaque série de cônes est connecté à la ligne par l'intermédiaire du parafoudre à cornes mentionné ci-dessus, tandis que la base est connectée à la cuve qui, elle-même, repose sur un support non isolant.

Les parafoudres pour circuits à point neutre non mis à la terre sont, comme les précédents, connectés à la ligne par l'intermédiaire d'intervalles à cornes, mais comportent une série additionnelle de cônes dont le sommet est connecté à la terre par l'intermédiaire d'un dispositif intervertisseur dont le rôle sera expliqué plus loin. Un tel dispositif est d'ailleurs également interposé entre une des autres séries de cônes et la ligne. Les bases de toutes les séries de cônes sont reliées électriquement entre elles.

Il est nécessaire de rétablir l'épaisseur primitive de la pellicule d'hydroxyde sur les électrodes de la cuve mise à la terre, comme sur les autres séries de cônes.

Un dispositif intervertisseur a pour objet de remplacer, pendant la mise en charge des éléments, la série de cônes mise à la terre par l'une des séries de cônes reliées à la ligne.

Les caractères fondamentaux du parafoudre électrolytique en aluminium sont les suivants :

1° Il peut supporter une décharge extrêmement considérable, persistant une demi-heure ;

2° La série entière de cônes est noyée dans l'huile, ce qui augmente considérablement la capacité calorifique de l'appareil ;

3° Le parafoudre peut être réglé pour entrer en fonctionnement pour une faible valeur de la surtension, valeur qui peut même se réduire à 25°₀ du voltage de la ligne ;

4° Sa construction mécanique est très robuste. Les cônes en aluminium sont logés dans des cuves en acier, qui ne sont pas exposées à se rompre pendant les manutentions.

A chaque parafoudre doit être annexée une bobine de self, complétant la protection apportée par le parafoudre à la ligne.

Action du parafoudre électrolytique. Analyse oscillographique. — Pour mieux établir l'action protectrice du parafoudre électrolytique, pour mieux en pénétrer les effets, nous reproduisons l'analyse oscillogra-

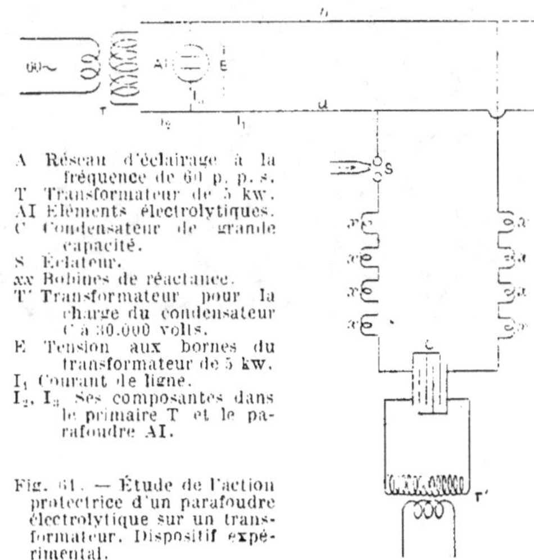

A Réseau d'éclairage à la fréquence de 60 p. p. s.
T Transformateur de 5 kw.
AI Eléments électrolytiques.
C Condensateur de grande capacité.
S Éclateur.
xx Bobines de réactance.
T' Transformateur pour la charge du condensateur C à 30.000 volts.
E Tension aux bornes du transformateur de 5 kw.
I_1 Courant de ligne.
I_2, I_3 Ses composantes dans le primaire T et le parafoudre AI.

Fig. 61. — Étude de l'action protectrice d'un parafoudre électrolytique sur un transformateur. Dispositif expérimental.

phique qui en a été faite, dans des conditions expérimentales assimilables à celles de la pratique, et que représente schématiquement la figure 61.

L'appareil soumis aux surtensions est un transformateur d'éclairage de 5 kw., alimenté du côté basse tension par un réseau A à la fréquence de 60 p.p.s. (Tension primaire 110 v, tension secondaire 2.200 v.)

Pour produire des surtensions sur la ligne *ab* à laquelle est relié son enroulement à haute tension, on se sert d'un condensateur C d'assez grande capacité, qu'un transformateur T′ permet de charger à 30.000 v. Pour donner enfin à la décharge oscillante de ce condensateur le caractère des surtensions accidentellement observées sur des lignes, on lui associe les bobines de réactance *xx*, établies de manière à ramener la fréquence de la décharge oscillante à 1.000 p.p.s. environ.

Aussitôt que la tension aux bornes de C devient suffisante pour provoquer un arc à l'éclateur S, une décharge oscillante est envoyée à la ligne *ab* et au transformateur T.

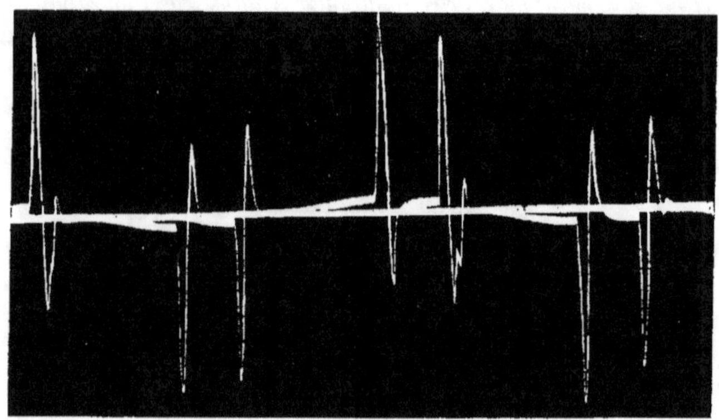

Fig. 62. — Courbe oscillographique des surtensions relevées au côté haute tension du transformateur T, avant protection par les éléments électrolytiques A_1.

Ainsi le transformateur T est soumis à des surtensions analogues à celles que subirait un transformateur élévateur de station centrale relié du côté haute tension à une ligne de transmission, s'il venait à se produire sur une des phases de cette ligne un arc à la terre. Il suffit de monter un certain nombre d'éléments électrolytiques en dérivation sur la ligne pour absorber ces surtensions : avant montage des éléments

A_1, les surtensions relevées à l'oscillographe sont telles que les représente la figure 62, qui pourtant les reproduit atténuées par suite de l'étalement de son échelle des abscisses. Après adjonction des éléments A_1 la courbe oscillographique des tensions est telle que la représente la figure 63.

Avant l'application des éléments électrolytiques A_1 aux bornes du transformateur T, l'oscillographe a enregistré les variations de la

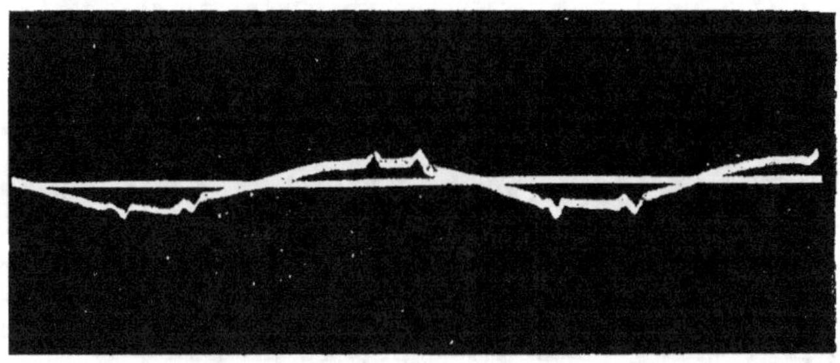

Fig. 63. — Courbe oscillographique des tensions relevées aux mêmes bornes après adjonction des éléments électrolytiques A_1.

tension E aux bornes mêmes, et celles du courant I_2 commun au secondaire du transformateur et à la ligne *ab*.

Le diagramme supérieur de la figure 64 correspond aux tensions, le diagramme inférieur correspond aux intensités de courant.

Dans la courbe des tensions se superposent, aux ondes de faible amplitude correspondant à la tension d'alimentation (à peu près sinusoïdales et d'une fréquence égale à 60 p.p.s.), des surtensions d'une amplitude 10 à 15 fois plus grande. La plus grande partie en est concentrée sur les spires extrêmes de l'enroulement transformateur, dont l'isolement est particulièrement exposé aux effets dangereux des pointes du diagramme.

La courbe des intensités reproduit les pointes de la première, ou plus exactement celles des surtensions mêmes, sans superposition d'aucune onde de fréquence 60 p.p.s., puisque le transformateur fonctionne à circuit ouvert.

Après l'application des éléments électrolytiques A_1 aux bornes du transformateur T, les mêmes relevés oscillographiques ont donné les résultats représentés figure 65 :

La courbe inférieure correspondant aux intensités du courant de ligne ;

La courbe supérieure aux tensions E.

On voit à nouveau (comme par les figures 62 et 63) que les éléments électrolytiques ne laissent subsister qu'une légère trace arrondie des surtensions si marquées dans le précédent oscillogramme.

Quant aux intensités de courant relevées (fig. 65, courbe inférieure) sur la ligne *ab*, en amont des éléments électrolytiques, elles sont les

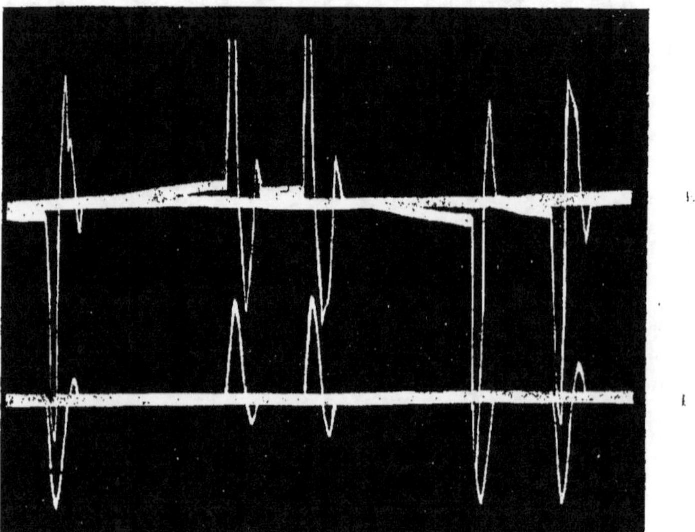

Fig. 64. — Oscillogrammes de la tension E aux bornes du transformateur et de son courant primaire I (avant adjonction du parafoudre A₁).

mêmes que précédemment, et il faut pousser plus loin l'investigation pour dégager l'action sur elles des éléments électrolytiques. C'est ce qu'on a pu faire en relevant à l'oscillographe les intensités de courant dans l'élément lui-même et dans le secondaire du transformateur : la première est représentée par la courbe inférieure I_3 de la figure 66, la seconde par la courbe supérieure I_2 : presque entièrement absorbées par les éléments électrolytiques, les brusques variations ont disparu dans le circuit du transformateur.

On a déjà vu à deux reprises, au cours de ce qui précède, que semblablement les brusques variations de tension étaient exclues du même circuit par l'action des éléments électrolytiques. *(Bulletin Thomson-Houston 1912.)*

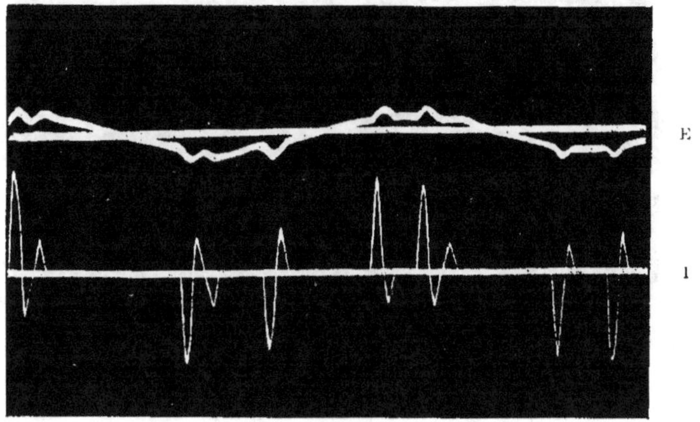

Fig. 65. – Oscillogrammes de la tension E aux bornes du transformateur et de son courant primaire I (après adjonction du parafoudre A_1).

L'emploi d'un appareil qui exige chaque jour une manutention est nécessairement limité aux cas où cette manutention peut se faire sans inconvénient. C'est donc aux stations centrales que l'emploi en est réservé presque exclusivement, tandis qu'il serait moins pratique d'en munir des postes de transformateurs.

On en construit actuellement pour des tensions allant jusqu'à 140.000 v. Pour les très hautes tensions le déchargeur à cornes est quelquefois placé en plein air, par économie d'encombrement. Il est important en revanche de préserver du gel l'électrolyte.

Les lignes de terre pouvant être dépourvues de résistance la protection est très efficace, et le débit à la terre peut être très grand avec une faible surtension. Il n'y a pas de résonance à craindre.

Ces faits nous paraissent promettre au parafoudre électrolytique un succès certain dans les grandes stations.

Notons cependant l'opinion de M. Giles, ingénieur de la Société des condensateurs de Fribourg, qui n'adopte ce type, sous le nom de

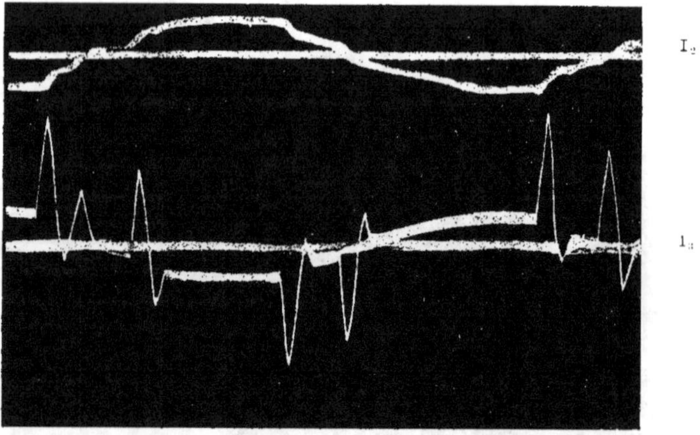

Fig. 66. — Oscillogrammes des intensités I_2 et I_3 dans l'enroulement du transformateur et dans le parafoudre.

condensateur électrolytique, que pour le courant continu, et sans intervalle, ce qui le ferait classer dans les appareils réalisant une mise à la terre continue si l'on ne devait pas considérer chaque cellule comme normalement isolée.

Les condensateurs électrolytiques de la Société générale des condensateurs de Fribourg sont donc construits pour courants continus, pour tensions de 120 à 240 v (fig. 67).

Ils se composent d'éléments séparés, assez semblables extérieurement à des piles, et réunis dans une boîte. La figure 67 montre l'aspect d'une batterie destinée à une voiture de tramway. D'après M. Giles,

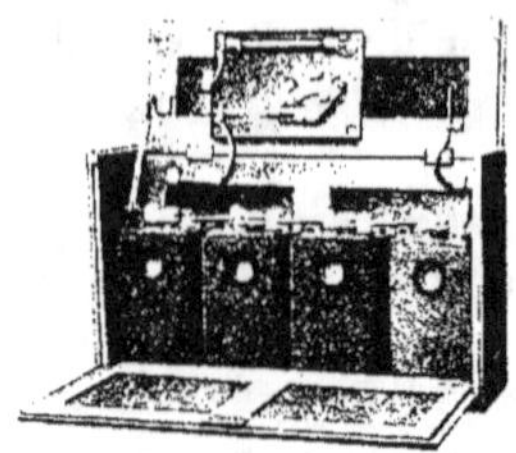

Fig. 67. — Parafoudre électrolytique pour tramways, type de Fribourg.

la protection est efficace contre les charges statiques, les oscillations à haute fréquence et les surtensions à basse fréquence provenant du fonctionnement de l'interrupteur à soufflage. On les emploie aussi pour les génératrices qu'ils protègent contre les conséquences des variations brusques de charge.

Pour les mettre en service, il faut d'abord intercaler une résistance qui est ensuite mise en court-circuit.

CHAPITRE V

Condensateurs

Le courant qui traverse un condensateur de capacité C, soumis à une différence de potentiel U, à la fréquence f, est :

$$I = 2\pi fCU$$

si la résistance est négligeable. Il en résulte qu'un courant intense pourra traverser une capacité faible si la fréquence est très élevée. C'est une expérience connue que de démontrer cette propriété avec des courants à haute fréquence. En interposant une capacité dans le circuit le courant la traverse sans affaiblissement sensible. Si la capacité est mise en dérivation sur une différence de potentiel élevée elle forme comme un court-circuit qui fait tomber cette différence à un chiffre faible.

Il y a longtemps déjà que des condensateurs avaient été adjoints à des parafoudres, par R. Thury entre autres. On joignait la ligne à l'une des armatures et l'autre à la terre. La jonction était faite quelquefois au travers d'un éclateur à pointes multiples et petit intervalle. L'emploi des condensateurs fut facile et avantageux tant qu'on s'en tint au courant continu de tension modérée. Pour l'alternatif, il a fallu de longs essais pour trouver le condensateur qui résiste aux hautes tensions. On sait que l'agent principal qui fait crever les condensateurs est l'échauffement du diélectrique. On a donc cherché d'une part une matière s'échauffant peu et, d'autre part, on a dû donner au diélectrique de fortes épaisseurs. Les capacités étaient alors faibles.

Examinons la grandeur de la capacité. Une bouteille de Leyde de quelques litres a rarement plus de 0,005 microfarad. Avec 10.000 v le courant de 50 périodes sera :

$$I = 2\pi . 50 . 0,005 \times 10000 \times 10^{-6} = 0,016 \text{ ampère.}$$

A 100.000 périodes on aura :

$$I = 2\pi . 10^5 \times 0,005 \times 10000 \times 10^{-6} = 32 \text{ ampères.}$$

À 1 million de périodes on aurait 320 a, ce qui ferait tomber immédiatement la tension de 10.000 v.

Avec 100.000 périodes, faciles à atteindre, on voit que déjà l'échauffement de la bouteille de Leyde risque de devenir sensible et l'expérience confirme cette prévision.

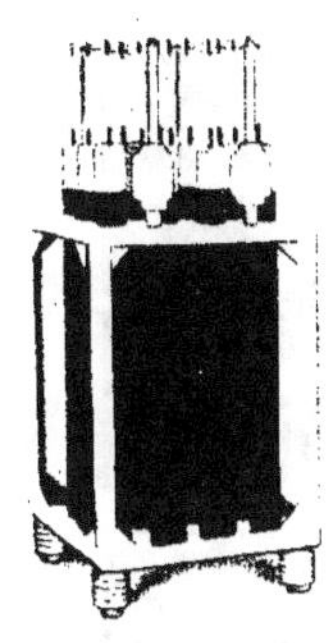

Fig. 68. — Condensateurs Moscicki.

Un fait particulier a permis d'augmenter sensiblement la capacité de condensateurs en verre. C'est que la rupture se produit, soit sur les bords de l'armature métallique, soit en un point où il y a discontinuité ou contact imparfait. *Moscicki* compose donc ses capacités, construites par la Société Générale des Condensateurs à Fribourg (Suisse), de tubes argentés chimiquement, ce qui donne le contact parfait, et plus épais aux bords des armatures, ce qui augmente la résistance à la rupture du point faible. L'argenture est cuivrée, par économie et pour faciliter les contacts.

Le tube de verre est renfermé dans une gaine métallique et l'intervalle entre les deux est rempli d'un liquide incongelable, ce qui facilite le refroidissement.

Les batteries de tubes comprennent un certain nombre de condensateurs tubulaires. Le sommet comporte la fermeture hermétique et isolante, portant un fusible. La partie supérieure de l'appareil est connectée ainsi d'une part avec l'intérieur des condensateurs, d'autre part à la ligne. La masse connectée à l'extérieur est mise à la terre.

Les condensateurs de Fribourg sont aujourd'hui très répandus. L'ingénieur qui dirige leur fabrication, M. Giles, s'est fait l'apôtre de leur emploi et ses conférences et écrits ont beaucoup contribué à en vulgariser l'emploi.

Ces condensateurs sont de divers modèles, pour emploi de voltages de 12.000 à 35.000 v.

La capacité de ces tubes varie de 0,002 microfarad, pour les plus petits, à 0,004 ou 0,005 pour les plus grands.

Le nombre des batteries utilisées comme protection contre les surtensions à haute fréquence est actuellement considérable et l'expérience semble décisive en faveur de leur efficacité. Une polémique fort instructive s'est élevée dans la presse technique à propos de ces condensateurs et spécialement à propos des théories de leur actif propagateur M. Giles, auquel est due une soupape dont nous aurons à dire quelques mots. M. Giles a publié en annexe de la description des

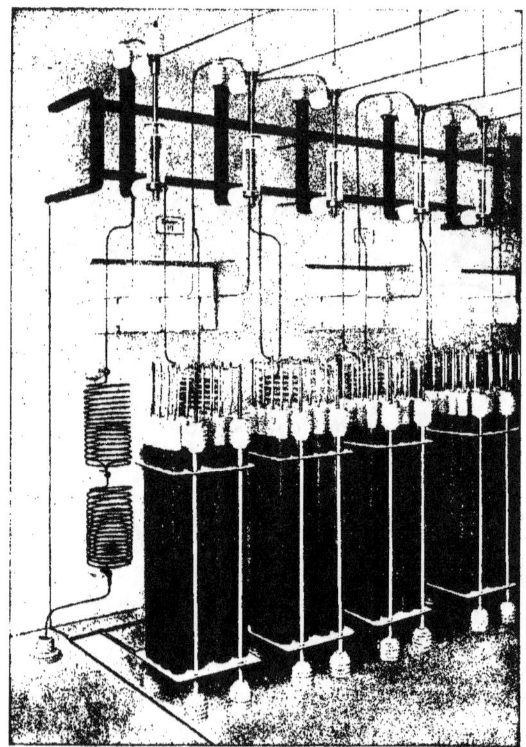

Fig. 69. — Batterie de condensateurs de Fribourg installée à Vallorbe.

appareils de la Société Générale des Condensateurs électriques un travail intitulé *Protection des Réseaux de distribution*, auquel nous avons fait divers emprunts, et qui expose d'une manière très condensée les idées originales de l'auteur.

Les condensateurs ne doivent être employés que pour les lignes aériennes, dont on peut augmenter sans inconvénient la faible capacité. Ils ne sont actifs que pour écouler à la terre les surtensions à haute fréquence. Ce ne sont souvent pas les plus dangereuses.

M. Giles a tenu à démontrer que pour ces surtensions spéciales tous les parafoudres qui comprennent un éclateur et une résistance sont dangereux si la résistance est faible, car alors il y a résonance, et inefficaces si la résistance est forte. Nous exposerons sa théorie plus loin, à propos des résistances. La conclusion peut être l'installation de condensateurs, mais elle peut être aussi la simple nécessité des bobines de self qui réfléchissent les ondes à très courte période.

Le seul inconvénient des condensateurs paraît être leur prix élevé.

CHAPITRE VI

Limiteurs de tension
Soupape Giles

Un limiteur est un parafoudre relié entre les pôles de la machine et de la ligne, sans jonction à la terre. La plupart des modèles peuvent donc servir de limiteurs, à la condition de ne pas créer de courts-circuits. Ces limiteurs ont spécialement pour but de parer aux surtensions d'origine *intérieure*, en particulier celles qui suivent la manœuvre d'un interrupteur. Un des cas graves et fréquents est celui du fonctionnement d'un interrupteur consécutivement à un court-circuit.

On a beaucoup employé comme limiteurs les cornes avec résistances.

Comme la fréquence de ces surtensions d'origine intérieure est relativement faible, les condensateurs sont d'une utilité très restreinte. Force est donc d'en rester aux modèles usuels de parafoudres.

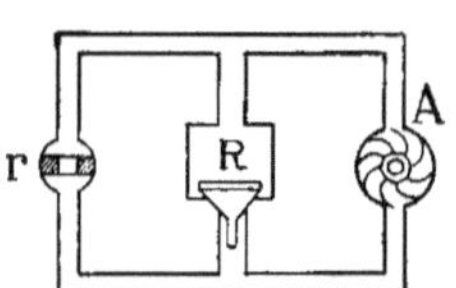

Fig. 70.
Analogie hydraulique.

Un montage fréquent qui associe le rôle de parafoudre et celui de limiteur, est d'installer autant d'appareils de protection que de phases et de relier un pôle de chaque appareil à une phase et l'autre à un neutre. Ce point neutre est alors relié à la terre, soit directement, soit par l'intermédiaire d'une résistance, avec ou sans éclateur.

L'énergie à dissiper sera grande si, après fonctionnement, l'extinction tarde à se faire. Quand elle se fait pendant la durée d'une demipériode, cette énergie sera alors très faible.

Pour abaisser la surtension à un faible chiffre, il faut forcément intercaler entre les pôles une résistance faible et débiter un fort courant. On a toujours $I\mathcal{R} = E$, où $\mathcal{R}$ est l'impédance, et l'amortissement est fonction de I^2R, où R est la résistance. En intercalant

brusquement une résistance faible on risque d'une part de provoquer
une résonance, et d'autre part de ne pouvoir interrompre le brusque
débit provoqué dans un temps assez court. Il faudrait donc insérer
progressivement, mais dans un intervalle de temps très court,
plusieurs résistances en parallèle, assez fortes chacune pour que
l'extinction de l'arc à l'éclateur limiteur de tension se fasse dès le
passage au zéro de l'onde alternative. C'est ce que s'est proposé

Fig. 71. — Soupapes Giles installées à Dortmund.

Giles dans son limiteur qu'il a baptisé soupape, par suite de l'analogie
avec les phénomènes hydrauliques, analogie qu'il justifie comme
suit :

Soit une pompe centrifuge A débitant dans une conduite munie
d'un robinet (alternateur actionnant un réseau muni d'un interrupteur). Le robinet r est brusquement fermé (l'interrupteur est ouvert).
Il en résulte un coup de bélier (surtension). La soupape R s'ouvre
(le limiteur fonctionne). Si cette soupape est de forte section, elle

pourra en se refermant provoquer un nouveau coup de bélier (résistance trop faible et résonance). Il faudra donc remplacer la large soupape par une quantité de petites soupapes dont le fonctionnement ne sera pas simultané (remplacer un limiteur quelconque par la soupape Giles).

La soupape Giles comporte un certain nombre d'éléments en parallèle. Chaque élément se compose :

D'un éclateur formé de deux sphères dont on peut régler avec précision la distance ;

D'une résistance ohmique de 800 à 2.500 o suivant les modèles, et d'une faible capacité de débit ;

De rondelles formant à la fois des condensateurs par leur surface et des distances explosives par leurs bords.

Le but de ces capacités est de rendre les chutes de tensions de rondelle à rondelle égales entre elles.

L'extinction des arcs de décharge se fait dans l'intervalle d'une demi-période, ce qui explique la faible capacité de débit de ces éléments. Chaque soupape en réunit un certain nombre sous un cylindre en verre. Cet appareil se place près des alternateurs, et en amont des interrupteurs. La résistance totale sera choisie d'autant plus faible que l'alternateur est plus puissant.

On a proposé pour les mêmes usages que la soupape Giles les *tubes à vapeur de mercure* shuntés par des condensateurs. Cet emploi semble à première vue tout à fait justifié, mais nous manquons de renseignements sur les résultats pratiques obtenus.

Les *parafoudres à rouleaux* sont très souvent montés à la fois comme parafoudres et comme limiteurs de tension.

Pour les *basses tensions*, jusqu'à 500 v, on peut obtenir une plus grande sensibilité avec les anciens modèles de parafoudres à plaques séparées par un diélectrique mince, mais alors le passage du courant soude les plaques. Cela peut être un résultat cherché.

Dans les stations de transformations pour lumière, on peut craindre le passage de la haute tension dans la basse avec ou sans arrêt de fonctionnement. Tout le réseau à basse tension devient dangereux. Il est alors utile d'adjoindre aux départs de la basse tension des limiteurs à plaques, dont un pôle est relié à la terre. Un des auteurs avait disposé autrefois dans ce but des coupe-circuit Edison grand modèle A. E. G. en remplaçant le bouchon par une pièce filetée en métal,

avec manche de porcelaine. Entre ce faux bouchon et le contact du
fond, on dispose une mince feuille de mica percée d'un trou d'une
épaisseur réglée pour le passage du courant vers 300-400 v. Ce modèle
s'est beaucoup répandu à cause de son prix de revient très bas. Il y en
a beaucoup d'autres plus compliqués.

Ce genre de limiteur de tension est fréquemment employé dans les
réseaux où le neutre est isolé de la terre. L'appareil est branché entre
le neutre et la terre. Dès qu'une différence de potentiel suffisante
apparaît, le neutre est alors relié à la terre et rien n'empêche d'installer

Fig. 72. — Limiteurs de tension, type A. E. G.

un avertisseur automatique indiquant que la liaison a lieu. On remédie
alors au défaut qui en est la cause.

La figure 72 montre un des modèles employés dans ce but par
l'A. E. G. Entre les rondelles de métal pressées par un ressort sont
disposées les feuilles minces de mica.

La même Société emploie comme parafoudre un appareil basé sur
un principe analogue et composé d'une pile de rondelles et de feuilles
isolantes. Ce type a été autrefois très répandu. Il a l'inconvénient de
se dérégler par l'usage. Le voltage qui le fait fonctionner baisse après
chaque décharge. Aussi son emploi est-il restreint à des cas spéciaux.

CHAPITRE VII

Lignes de terre et résistances

Les *lignes de terre* des parafoudres sont destinées à abaisser le potentiel des lignes par un passage de courant traversant l'appareil. Comme ce passage se fait souvent à haute fréquence, il importe que l'impédance de la ligne soit faible. En outre, l'intensité peut être très forte et se propager par la surface du conducteur plus que par sa section.

Il est rare qu'on emploie un conducteur de très forte section. Les règlements suisses et italiens prescrivent une section de cuivre de 25 mm². Certains constructeurs préconisent l'emploi de tubes de cuivre, dont l'impédance est moindre par suite de l'effet pelliculaire, mais cet emploi est rare. Il est malheureusement fréquent que ces lignes fassent de nombreux contours qui occasionnent une self non négligeable. L'emploi du fer est en tout cas exclu, à moins qu'il ne soit fortement galvanisé.

Il est nécessaire d'isoler sérieusement la ligne de terre jusqu'à la terre, et il faut la considérer comme ligne dangereuse. Au moment de la décharge, il peut en effet exister une tension élevée entre un point de cette ligne et le sol. Il convient d'éviter les longues lignes. A cet égard il est préférable de disposer les parafoudres près du sol en y faisant descendre la ligne de transport. Cependant ce dispositif très encombrant est rarement employé, malgré sa valeur, sauf sur certains réseaux.

Il fut un temps où on prescrivait d'installer autant de lignes et de plaques de terre que de parafoudres. On avait ainsi l'avantage d'intercaler une résistance, mal connue il est vrai, entre les divers parafoudres. On se contente aujourd'hui d'avoir des lignes de terre distinctes pour les fils haute et basse tensions, chaque groupe ayant une ligne et terre communes. On intercale alors entre la plaque et les parafoudres des résistances.

Les plaques de terre ont longtemps consisté en plaques de cuivre de 1 m², installées dans le sol humide, et entourées de braise de boulanger. On imitait ce que prescrivit pour les parafoudres l'Académie des Sciences dans son étonnante « Instruction » de 1904, qui ressuscite le rapport de Franklin de 1784, de Le Roy de 1799, de Gay-Lussac de 1823, etc. Aujourd'hui on emploie comme « plaque » de terre les masses métalliques les meilleures dont on dispose, telles que conduites en fonte d'évacuation ou d'amenée des eaux, des rails, des poutraisons, etc., etc., pourvu qu'un large contact soit assuré avec le sol. Il n'est pas superflu d'avoir plusieurs terres. Quand on ne dispose pas de masses métalliques on en crée en utilisant des pièces de fonte ou de fer massives, auxquelles on soude la ligne en dehors du sol. Si on utilise les plaques de cuivre, il faut qu'elles soient épaisses et rivées solidement et en plusieurs endroits par des rivets de cuivre. L'homogénéité métallique est importante pour éviter l'électrolyse, et à cet égard il faut éviter les soudures dans le sol. La tôle de fer galvanisé est souvent détruite avec rapidité. Les résultats sont meilleurs avec la tôle plombée, au moins en dehors de terres arables. Il faut éviter d'entourer de coke les plaques de métal, car leur attaque est fortement accrue. La braise de boulanger n'a pas cette action nocive du coke. En terrain sec nous avons employé des masses de fonte reposant sur un lit de débris de charbons de lampes à arc.

L'absence d'un sol conducteur n'est pas aussi dommageable qu'on pourrait le croire, car alors les appareils à protéger reposant sur le même sol se trouvent relativement isolés ce qui constitue une certaine protection si leur masse ne leur donne pas une capacité notable. Il suffit que la plaque de terre soit en meilleur contact avec la terre que les machines à protéger.

La terre passe pour avoir une résistance nulle, ce qui est loin d'être exact pour une portion déterminée. Une chose est en revanche certaine, c'est que la résistance d'une mise à la terre a comme terme principal le contact avec la terre. Comme ce contact est nettement variable, il peut être bon de vérifier de temps à autre la résistance ohmique. Cela peut permettre de déceler les coupures des lignes dans la terre, plus fréquentes qu'on ne pourrait le croire. Cette mesure se fait par la méthode classique des trois terres, plus facile à démontrer qu'à appliquer.

Soit trois terres A, B, C. On détermine par les méthodes habituelles les résistances entre A et B, entre A et C, entre B et C. On pose :

$$x + y = a$$
$$y + z = b$$
$$z + x = c$$

d'où :

$$x = \frac{a + c - b}{2} \qquad y = \frac{a + b - c}{2}$$
$$z = \frac{c + b - a}{2}$$

Il est facile de voir que si une des valeurs, telle que a, est à peu près égale à la somme de deux autres, la précision de la mesure d'une des terres laisse à désirer. On peut souvent se contenter de connaître l'ordre de grandeur de la résistance cherchée. On admet que la « terre » est bonne si sa mesure ne dépasse pas 10 o.

Une Commission de l'Association Suisse des Électriciens a fait d'intéressantes mesures concernant la résistance de terres créées pour le transport de force Saint-Maurice-Lausanne. A chaque extrémité de la ligne à courant continu on a installé en parallèle, 18 terres formées de treillis de fer et de tuyaux. Au pôle négatif, installé dans une région marécageuse à niveau d'eau variable, la résistance a varié entre 0,77 o et 1,26 o. Au pôle positif, dans un sol marneux, meilleur conducteur que le marécage, la résistance équivalente des 18 terres toutes semblables à celles du pôle négatif a oscillé entre 0,55 et 0,715 o ; mesuré à l'aide d'une terre auxiliaire très éloignée.

Résistances ohmiques. — La nécessité des résistances artificielles dans les lignes de terre a été pratiquement démontrée dès les premières installations à tensions élevées. Tant que les lignes et plaques de terre étaient distinctes pour chaque pôle, les tensions modérées et les chutes de tension des générateurs importantes, le fonctionnement des parafoudres ne troublait pas beaucoup l'installation. Quand ces trois circonstances ont changé, l'amorçage des courts-circuits par les parafoudres a créé des inconvénients graves auxquels n'ont pu entièrement remédier les parafoudres à rupture d'arc.

On peut déterminer les résistances par tâtonnement ou par le calcul. Dans ce dernier cas, on peut faire intervenir la seule tension des machines ou la tension de la surtension.

Comme la décharge est souvent oscillante, il importe que la résistance soit uniquement ohmique. En ne tenant compte que de la tension de service on pourra fixer la résistance qu'elle devra présenter pour empêcher le fonctionnement des interrupteurs automatiques ou la fusion des fusibles.

Posant $U = IR$, avec $U = $ tension de service avec la terre et I le courant limite, on calcule R en fonction de la puissance du générateur. Mais immédiatement deux difficultés s'élèvent : la puissance est variable, et par conséquent le terme I. En outre, il faut distinguer le cas d'une ligne dont un point est à la terre et celui d'une ligne entièrement isolée. Et comme la terre peut être accidentelle, ce qui sera exact pour un cas ne le sera plus pour l'autre.

Dans les réseaux comportant des dérivations importantes et des jonctions avec différentes stations réceptrices ou génératrices, comportant parfois des machines qui tout en fonctionnant en moteur ont des f. e. m. qui doivent intervenir comme celles des générateurs, la détermination des résistances peut devenir complexe. Il faut faire intervenir la situation du parafoudre par rapport aux interrupteurs ou fusibles.

Ces calculs ont un certain intérêt dans le cas d'interrupteurs automatiques à temps réglés, assez paresseux pour qu'une décharge accidentelle soit éteinte par le parafoudre avant le fonctionnement de l'automate. Celui-ci ne reste alors actionné que par le courant de ligne qu'on suppose durer encore après la cessation de la décharge accidentelle. On calcule alors la résistance, dans chaque cas donné, de manière à limiter le courant à une valeur inférieure à celui du fonctionnement de l'automate.

Ce courant limite représentera nécessairement une énergie importante s'il s'agit d'une grande station, et la difficulté consiste alors à absorber cette énergie, quoique sa durée puisse être très courte.

Prenons comme exemple une centrale ayant trois unités de 1.000 K.V.A. triphasés, à 20.000 v. Chaque unité a ses automates ; en outre la ligne a les siens en amont des parafoudres. Quand les trois unités sont en fonction, le courant de ligne est :

$$\frac{3.000.000}{\sqrt{3}.20.000} = 87 \text{ ampères,}$$

soit 29 par unité.

Les automates réglés à 50% de surcharge le seront donc pour
130 a pour la ligne et 44 a pour les générateurs.

La résistance d'une ligne de terre étant réglée pour ne pas laisser
passer plus que le courant normal à voltage normal aurait :

$$R = \frac{20.000}{\sqrt{3}.87} = 133 \text{ ohms.}$$

Mais quand une seule unité sera en marche son automate risque de
fonctionner. Il faudrait que la résistance fût le triple pour l'empêcher,
soit 400 o. En ce cas l'énergie qu'elle aurait à dissiper serait
$29 \times \dfrac{20}{\sqrt{3}} = 333$ kw par seconde, par phase ou par résistance.

C'est donc la grandeur de l'unité la plus petite qui règlerait la résistance.

Si la ligne comporte une dérivation alimentant un moteur synchrone
de faible puissance protégé à son tour par un automate, il faudra
que la résistance des terres des parafoudres de la station soit réglée
sur la faible puissance du moteur pour éviter le déclanchement de son
automate, ou alors régler celui-ci pour des courants hors de propor-
tion avec la puissance du moteur.

On serait donc conduit pour des tensions élevées et des faibles
puissances à des résistances notables. On peut se demander si elles
ne seront pas un obstacle à une décharge rapide des charges acciden-
telles.

Ces calculs simplistes, qui ne font intervenir ni la surtension ni la
fréquence de celle-ci, n'ont d'autre but que de montrer que la question
est complexe, même ainsi simplifiée, et sans tenir compte des fonc-
tionnements simultanés de parafoudres en parallèle sur une même
ligne.

Si nous calculions, non sur la tension normale mais avec une
surtension, nous aboutirions nécessairement à des résistances plus
fortes.

Nous n'avons pas tenu compte de la résistance de l'arc qui passe à
l'éclateur, aux cornes par exemple. Elle est certainement faible
devant celles que nous citions. Cette résistance est peu connue, mais
tous les expérimentateurs s'accordent à lui donner une valeur qui peut
descendre à quelques ohms. On peut donc en faire abstraction.

A titre de guide empirique, l'A. E. G. indique qu'on peut prendre comme débit normal d'un parafoudre les chiffres suivants :

	VOLTS	AMPÈRES	$R = \dfrac{V}{I}$
Jusqu'à...	1.000	40	25
—	5.000	35	140
—	10.000	25	400
—	20.000	20	1.000
—	60.000	10	6.000

Ces chiffres peuvent servir à déterminer les résistances à insérer, ce qui donne la troisième ligne du tableau.

M. Giles, ingénieur de la Société Générale des Condensateurs électriques à Fribourg, calcule les résistances en partant d'un point de vue tout autre.

M. Giles admet, après Devaux-Charbonnel et Yvan Döry, qu'une ligne qui transmet des ondes à haute fréquence est équivalente à une résistance ohmique de valeur :

$$\sqrt{\frac{L}{C}}$$

où L est la self, et C la capacité.

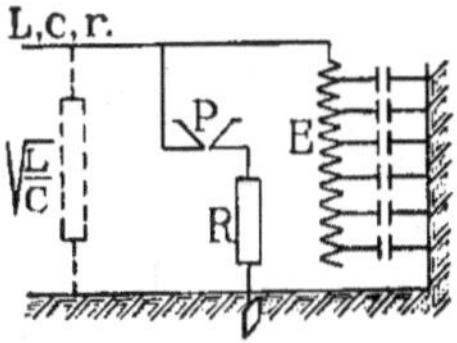

Fig. 73.

S'il circule dans la ligne un courant I_0 la surtension est donc $I_0\sqrt{\dfrac{L}{C}}$.

Il considère (fig. 73) un alternateur E ayant une self et une capacité uniformément réparties. La ligne a une self L, une capacité C et une résistance r.

L'éclateur P est suivi d'une résistance R. Le parafoudre et la ligne constituent un circuit de résonance de pulsation :

$$\omega = \sqrt{\frac{1}{CL} - \frac{R^2}{4L^2}}.$$

Pour que la condition de résonance ne soit *pas* réalisée, il faut :

$$\frac{1}{CL} < \frac{R^2}{4L^2}$$

$$4L < CR^2$$

$$R > 2\sqrt{\frac{L}{C}}$$

La formule est la même si nous considérons le parafoudre comme séparé de la ligne, la self et la capacité étant celles des machines.

La décharge a pour son écoulement deux chemins : la ligne et le parafoudre de résistances :

$$\sqrt{\frac{L}{C}} \text{ et } R,$$

en parallèle.

La résistance de l'ensemble est donc x, et

$$\frac{1}{x} = \frac{1}{\sqrt{\dfrac{L}{C}}} + \frac{1}{R} = \frac{R + \sqrt{\dfrac{L}{C}}}{R\sqrt{\dfrac{L}{C}}}$$

$$x = \frac{R\sqrt{\dfrac{L}{C}}}{R + \sqrt{\dfrac{L}{C}}}.$$

La surtension sera :

$$I_0 x = I_0 \sqrt{\frac{L}{C}} \times \frac{R}{R + \sqrt{\dfrac{L}{C}}}$$

Sans le parafoudre cette surtension était $I_0 \sqrt{\dfrac{L}{C}}$ en supposant égales les valeurs I_0 dans les deux cas. Le coefficient de réduction dû à la présence du parafoudre est donc :

$$\frac{R}{\sqrt{\dfrac{L}{C}} + R}.$$

M. Giles remarque que pour les lignes aériennes la valeur de $\sqrt{\frac{L}{C}}$ est d'environ 600 o ce qui donne comme ordre de grandeur du coefficient de réduction :

$$\frac{R}{600 + R},$$

dont la valeur décroît avec R.

Si maintenant on considère les valeurs de L et C comme se rapportant aux *machines*, il faut pour éviter la résonance que :

$$R > 2\sqrt{\frac{L}{C}}.$$

On aura :

$$\text{pour} \quad R = 25 \qquad \frac{R}{600 + R} = 0,04$$

$$140 \qquad\qquad\qquad = 0,19$$
$$400 \qquad\qquad\qquad = 0,4$$
$$1000 \qquad\qquad\qquad = 0,63$$
$$6000 \qquad\qquad\qquad = 0,91$$

M. Giles en conclut que les parafoudres à éclateur et résistances sont ou dangereux si la résistance est faible ou inutiles si elle est forte.

On peut objecter à cette opinion que les parafoudres à cornes, qui sont spécialement visés, peuvent bien être au commencement de la décharge le siège d'oscillations, mais qu'aussitôt après un arc chaud s'allume et s'éteint graduellement sans amener de surtension. On pourrait encore faire remarquer que la décharge n'a pas deux chemins, mais trois, et que le réamorçage de l'éclateur après la première décharge exige que l'amortissement n'en ait pas diminué sensiblement l'énergie.

La difficulté de calculer une résistance en fonction de la self et de la capacité des machines par la formule :

$$R > 2\sqrt{\frac{L}{C}}$$

réside en grande partie de l'incertitude des valeurs à appliquer.

La *construction des résistances* doit tenir compte de l'absence nécessaire de self et d'une capacité calorifique suffisante pour absorber pendant un temps très court une puissance importante.

Résistances solides. — La maison Siemens-Schuckert emploie des résistances métalliques à boudin, plongées dans l'huile, pour ses parafoudres à relais. Elles sont calculées pour des décharges allant jusqu'à cinq minutes. Elles peuvent être munies d'interrupteurs automatiques actionnés par une élévation anormale de la température de l'huile (180°).

D'autres modèles, construits pour décharger de plus courtes durées, sont en métal émaillé sur porcelaine.

Voici les résistances de ces deux types, d'après les catalogues de cette maison :

Volts	1er type	2e type
	ohms	ohms
1.000	20	20
2.000	80	195
3.000	150	195
4.000	460	360
5.000	580	360
7.000	800	810
10.000	1.160	1.200
15.000	1.740	1.620
20.000	2.320	1.920

A partir de 4.000 v le type dans l'huile peut être disposé pour une résistance de moitié de celle des chiffres indiqués. On prend l'une ou l'autre suivant le débit de la station.

La Société A. E. G. emploie des résistances en carborundum, adoptées également par un grand nombre d'autres constructeurs.

L'élément de résistance A. E. G. est un cylindre de carborundum de 150 mm de long, dont la résistance à froid et avant emploi est de 500 o. L'échauffement peut le faire descendre à 250. Ces éléments sont montés par deux ou trois en série, et on en met un nombre quelconque en série. Voici les normes de la société A. E. G :

VOLTS	Nombre d'éléments	R à froid. — Ohms
1.000	1	500
2.000	2	1.000
4.000	3	1.500
5.000	4	2.000
10.000	8	4.000
16.000	12	6.000
21.000	16	8.000
26.000	20	10.000
30.000	23	11.500

Ces résistances s'emploient spécialement avec les parafoudres à rouleaux, et en général avec les systèmes de protection qui ne sont pas destinés à décharger de grandes quantités d'énergie. Elles seraient en effet impropres à supporter des courants intenses, car leur résistance se modifie et diminue après un long passage d'un courant important, et d'autre part si ce courant est très considérable et brusque la baguette de carborundum éclate.

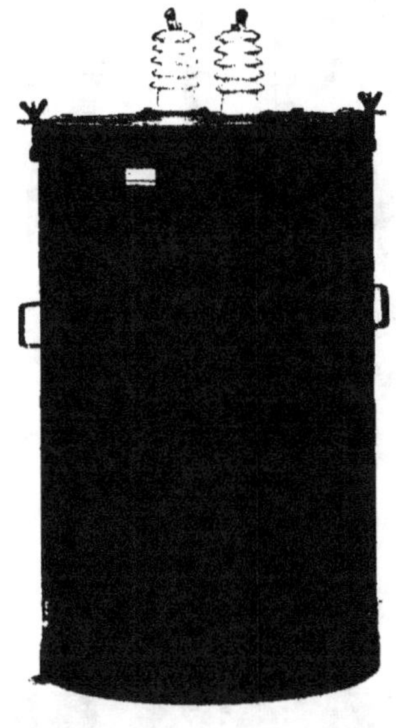

Fig. 74. — Résistances dans l'huile modèle Siemens-Schuckert.

On a employé des bâtons de charbons graphités. L'emploi de tubes est préférable, car ils éclatent moins facilement que les cylindres pleins.

On a introduit récemment l'emploi de tissus d'amiante dont la trame est un fil métallique en zigzag. Ce genre de résistance a été souvent employé pour des appareils de chauffage. Plongé dans l'huile il convient pour parafoudres. On a construit des résistances de ce type pour 80.000 v et 5 A.

M. Gola emploie sous le nom de résistances *multiplex* des résistances formant une colonne constituée par un certain nombre de rondelles de

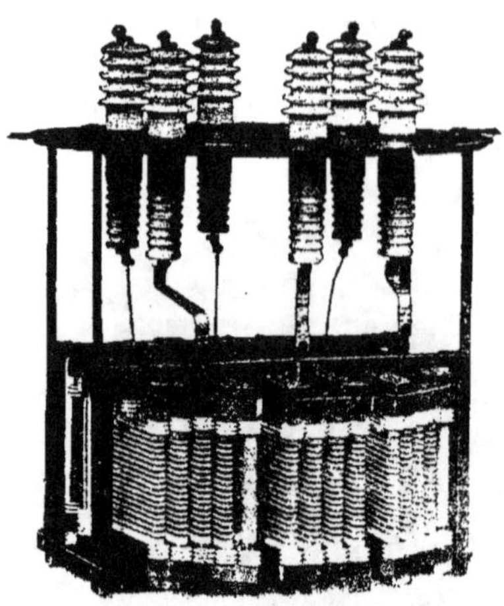

Fig. 75. — Resistance dans l'huile modèle Siemens-Schuckert
(vue intérieure).

matière résistante, enserrées entre deux ressorts. On règle la résistance totale au moyen du nombre des rondelles.

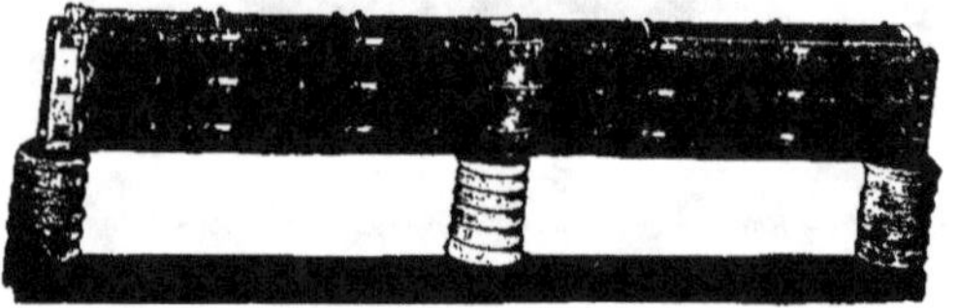

Fig. 76. — Résistance en fils émaillés de Siemens-Schuckert.

Les *résistances liquides* forment le groupe le plus répandu. Elles offrent les avantages précieux de simplicité, bon marché, grande capacité calorifique qui ont assuré dès l'origine leur succès. Les modèles, très nombreux au début, se réduisent maintenant à un plus petit nombre.

Un des types les plus répandus consiste en un tube de grès horizontal se terminant par deux parties relevées, pour recevoir les électrodes. La figure 77 montre le modèle Alioth.

La Société A.E.G., dans quelques-uns de ses derniers modèles, surmonte la résistance d'un parafoudre à corne en dérivation.

Les tubes horizontaux, plus encombrants, n'ont pas de jonction liquide. On peut au contraire réunir trois tubes verticaux au moyen

Fig. 77. — Résistance à eau Alioth.

d'une tuyauterie commune, bien reliée à la terre et qui permet un contrôle du niveau et une alimentation en marche (fig. 78).

Pour régler la résistance à la valeur désirée on fait varier la conductibilité de l'eau en y ajoutant plus ou moins d'une solution saline. L'A. E. G. recommande la soude et donne la formule suivante pour calculer le poids de cette base à employer :

G   poids de soude (carbonate) en grammes ;

R   résistance en ohms du tube d'eau ;

e la tension appliquée ;

z le nombre de décharges ;

t la durée d'une décharge.

Avec le modèle vertical :

$$G = \frac{0,525}{R} \cdot 10^6 = \frac{2,1 \times 10^{12}}{e^2. z. t} \text{ grammes.}$$

La puissance à dissiper est $\dfrac{e^2. z. t}{R}$ et égale à 4.000 w avec ce modèle.

Avec le modèle en tube couché :

$$G = \frac{0{,}161}{R} . 10^6 = \frac{0{,}161 \times 10^{12}}{e^2 . z . l}$$

et la puissance 1.000 w.

La soude doit être dissoute dans l'eau distillée. L'eau ordinaire a une résistance extrêmement variable. On se contente souvent de régler la résistance empiriquement, et comme la température fait fortement varier cette dernière, il peut s'ensuivre une protection variable aussi. Il est donc recommandable de procéder avec le plus de précision possible et de vérifier la résistance, de temps à autre, avec un pont de Kohlrauch.

Fig. 78. — Résistance liquide verticale.

Il est prudent de mettre 1 cm d'huile sur l'eau pour empêcher l'évaporation. Pour combattre la congélation, le meilleur moyen consiste à... chauffer le local.

Lors de très fortes décharges nous avons vu l'eau des résistances violemment projetée au dehors et les tubes en grès faire explosion. Ce phénomène, plutôt rare, est probablement dû à une trop faible résistance.

Les résistances hydrauliques sont en général installées dans les stations surveillées. Quoiqu'elles demandent peu d'entretien elles ne peuvent se passer de toute surveillance. En dehors de ce cas on préférera les résistances sèches.

Fig. 79. — Installation de résistances liquides verticales.

L'installation des *résistances sur réseau triphasé* peut se faire suivant différents schémas.

Schéma I (fig. 80). — La terre est reliée au pôle commun des trois résistances.

Schéma II (fig. 80). — La terre est reliée au pôle commun des trois résistances par l'intermédiaire d'une résistance, et éventuellement d'un éclateur à corne ou autre.

Le premier est le plus souvent employé quand le neutre est à la terre, le second quand il est isolé. La raison d'être de ce choix est que quand une terre accidentelle se produit sur la ligne, avec le schéma I, les parafoudres des phases indemnes se trouvent soumis à la tension composée, tandis qu'ils sont censés réglés pour la tension simple. Ils peuvent alors fonctionner sans surtension accidentelle. Avec le

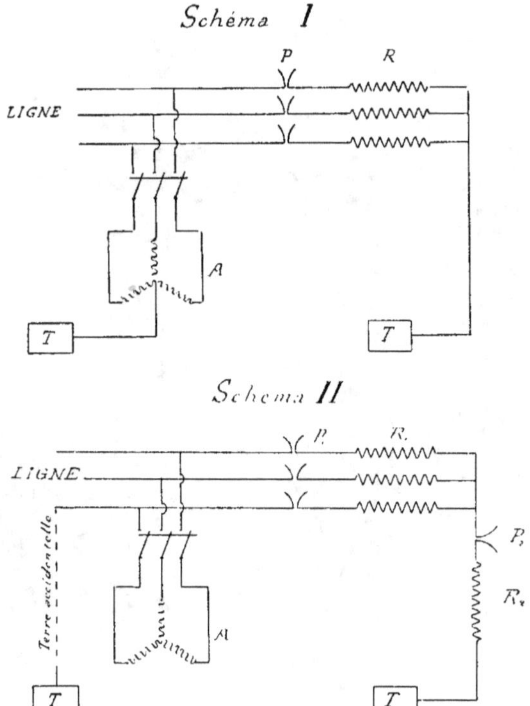

Fig. 80. — Installation des résistances sur réseau triphasé.

schéma II on intercale sur le circuit de terre une résistance de plus, et éventuellement un éclateur, qui écartent l'inconvénient du fonctionnement intempestif.

Il y a des objections au dispositif du schéma II. D'abord il est dangereux pour les isolants qu'une phase soit à la terre d'une manière accidentelle, et par conséquent si les parafoudres fonctionnent en ce cas et font agir les interrupteurs automatiques il faut voir là une sécurité et non un danger.

D'autre part, si on ajoute sur le trajet à la terre un éclateur de plus pour parer à une surtension de $\sqrt{3}$ fois la tension simple, la protection sera limitée aussi à ce chiffre, tandis qu'on pouvait régler pour la tension simple avec le schéma I.

Exemple. — Avec le schéma I et une tension composée de 20.000 v, les parafoudres réglés à une surtension de 50% le seront pour :

$$\frac{20000}{\sqrt{3}} \times 1{,}50 = 17300.$$

Avec le schéma II on ajoute l'éclateur P_2 réglé pour la différence entre la tension simple et composée, avec le même coefficient, soit :

$$(20000 - 11500)\ 1{,}5 = 12700.$$

Il faudrait donc, pour que le système fonctionne, que la surtension fût :

$$17300 + 12700 = 30000.$$

Il serait donc indiqué de supprimer l'éclateur P_2.

Pour les résistances, la résistance R_2 doit aussi parer à une augmentation de débit dans les résistances R_1, en cas de terre accidentelle. Il semble plus simple de construire ces dernières de manière à ce qu'elles supportent cet excès de courant. On en revient alors au schéma I, que le neutre soit à la terre ou non. Divers constructeurs n'en pratiquent pas d'autres.

CHAPITRE VIII

Fil de garde

On nomme fil de garde un conducteur tendu au-dessus ou au-dessous des fils de ligne, fil relié à la terre et aux poteaux quand ceux-ci sont métalliques. L'emploi de ce moyen de protection date des premiers transports d'énergie électrique. On a même employé des fils de fer barbelés. Les surtensions étant peu affectées par ces moyens ces fils furent abandonnés. On les reprit en Amérique.

Mentionnons comme exemple (Electrician, 1er novembre 1907) une ligne à 60.000 v existant au Mexique, et ayant 160 km de long. Les pylones sont en acier, de 12 m de hauteur, portant trois conducteurs. Pendant la période orageuse de 1904, beaucoup d'isolateurs furent percés ou brisés par la foudre. La pose de bras en fer inclinés au-dessus des isolateurs amena une amélioration pour ces derniers : mais les fils continuaient à être foudroyés. On tendit alors un câble d'acier d'un pylône à l'autre, au-dessus du fil de ligne le plus élevé. Dès 1906, on constata que seules les parties de la ligne, non encore munies du câble protecteur, continuaient à être foudroyées.

Dans des essais comparatifs sur le réseau de *Taylors Falls* (Communication de J. F. Vaughan à l'American Institute of Elect. Eng. mai 1908) établi en 1905 de Taylors Fall à Minneapolis et comportant une ligne de 65 km, triphasée, 50.000 v, avec poteaux en bois de 15 m, on a constaté un effet de protection marqué dans la région pourvue d'un fil de garde. Les principaux troubles furent dus à d'énormes charges statiques se développant sur la ligne au voisinage des orages. Ces charges très concentrées amorçaient des arcs sur un grand nombre d'isolateurs « sans se déplacer sur la ligne de plus de quelques centaines de pieds ». Des fils de garde essayés, le plus efficace était placé au-dessus des fils de ligne.

Le rôle du fil de garde est multiple. D'une part il crée une région de potentiel zéro autour de lui et détourne ainsi les décharges directes. D'autre part il égalise longitudinalement les potentiels des pylônes dont il peut compléter la mise à la terre. Il crée le secondaire fermé d'un transformateur dont le primaire est constitué par les fils de ligne, et il amortit ainsi les oscillations à fréquence élevée. L'absorption d'énergie à la fréquence du réseau est très faible, comme le prouve l'expérience suivante, faite par l'un des auteurs : Une ligne de 24 km, triphasée, 42 périodes, possède quatre fils disposés sur les angles d'un rectangle de 1^m,40 de hauteur et 0^m,80 de largeur. Un fil sert de réserve. Il fut mis à la terre aux deux extrémités. Le voltage constaté à circuit ouvert, quand le courant de ligne atteignait 75 A, fut de 16 v. En circuit fermé, le courant était de 2 A, correspondant bien à la résistance du fil, qui est de 8 o. La perte en watts était donc de 32.

M. Capart, ingénieur, auteur de remarquables articles sur la protection des réseaux, conseille de constituer le fil de garde d'acier doux galvanisé, soit à cause de sa résistance mécanique supérieure, soit pour procurer un meilleur amortissement des phénomènes inductifs à haute fréquence. Il préconise l'emploi d'un câble Frené, à âme de chanvre, comme plus sûr qu'un simple fil. On le mettra à la terre autant de fois que possible.

On peut trouver des raisons pour recommander au contraire un fil de garde de faible résistance, car pour amortir un courant oscillatoire de haute fréquence parcourant les fils *de ligne* il faut que le secondaire formé par le fil de garde soit de faible résistance. Il absorbera ainsi plus d'énergie.

Etant donnée la distance forcément notable entre les fils de ligne et le fil de garde, le coefficient d'induction mutuelle ne peut être que faible, aussi l'amortissement ne pourra jamais être très considérable, et dans ces conditions fer ou cuivre seront à peu près équivalents.

Le meilleur guide en ces matières est l'expérience. Elle a montré dans les fils de garde une protection efficace contre les décharges directes. C'est déjà beaucoup, mais peu de lignes y sont exposées.

CHAPITRE IX

Protection des câbles souterrains

Les câbles souterrains ont peu à craindre des effets directs des perturbations électriques atmosphériques. Ils sont en effet généralement entourés d'une gaine métallique et plongés dans un sol plus ou moins conducteur. En revanche, ils sont moins bien isolés que les lignes aériennes. Comme ils sont connectés, soit avec ces lignes, soit avec des machines susceptibles de fournir des surtensions internes, il est nécessaire de les protéger contre les surtensions qui pourraient en provenir.

Si les câbles sont reliés à une ligne aérienne la protection sera du même genre que celle que nous avons vue pour les machines. S'ils sont reliés directement à ces machines c'est tous les deux qu'il faut protéger.

Dans le premier cas on pourrait avoir surtension entre un conducteur et la terre ; dans le second ce sera entre les différents conducteurs du câble, ou entre différents câbles. On aura donc à installer des parafoudres ou des limiteurs de tension. Comme on peut avoir à la fois les deux cas, le montage en parafoudre et limiteur aura son application.

Le coefficient de sécurité des câbles modernes est élevé et peut aller jusqu'à 8.

Voici, d'après Giles, ces coefficients, les rapports de surtension étant rapportés à la tension entre fils :

Volts	Coefficient	Volts	Coefficient	Volts	Coefficient
2.000	4,7	5.500	3,8	11.000	3,1
2.500	4,5	6.000	3,7	12.000	3,0
3.000	4,3	6.500	3,6	13.000	2,9
3.500	4,2	7.000	3,5	14.000	2,8
4.000	4,1	8.000	3,4	15.000	2,7
4.500	4,0	9.000	3,3	17.000	2,6
5.000	3,9	10.000	3,2	19.000	2,5

On a employé pour protéger les câbles la plupart des modèles de parafoudres que nous avons vus, montés ou non en limiteurs. Parmi ceux-ci les modèles à rouleaux avec résistance en carborundum sont d'un emploi très fréquent.

Au point de jonction d'une ligne aérienne et d'un réseau de câbles la protection est spécialement délicate. Il y a en ce point une brusque variation du rapport $\sqrt{\dfrac{L}{C}}$, C étant beaucoup plus grand dans le câble que dans la ligne aérienne. Comme ordre de grandeur $\sqrt{\dfrac{L}{C}}$ n'est pas loin de 600 dans les lignes aériennes et de 100 à 150 dans les câbles. D'après Giles il serait de 100 à 1.000 pour les machines.

Voir à ce sujet la théorie du parafoudre S. I. G., exposée plus haut.

Fig. 81. — Bobine de sûreté ou tambour de Zapf.

La protection des câbles a été longtemps jugée très délicate. Il est vrai qu'alors câbles et appareils de protection laissaient à désirer. On a même été jusqu'à installer des transformateurs à rapport 1 sur 1 au point de jonction, les transformateurs isolés de la terre ayant alors la réputation de supporter les surtensions, et étant au surplus plus faciles à réparer que les câbles. Ce moyen est aujourd'hui presque abandonné à cause de son coût élevé.

L'origine du câble étant particulièrement exposée, c'est presque toujours dans les premiers mètres qu'ils sont endommagés. De là est venue l'idée de créer un tronçon de câble accessible en enroulant sur un tambour quelques spires d'un câble d'une isolation un peu plus faible que celui qu'on veut protéger (tambour de Zapf). Ce tambour est inséré entre la ligne aérienne et le câble souterrain. En cas de surtension venant de la ligne le centre d'oscillation se formera au voisinage du point de jonction, donc dans le câble enroulé sur le tambour et le percera. On trouve dans le commerce ces tambours tout préparés.

La figure 81 représente une de ces bobines construites par la *Land-und Seekabelwerke* Cöln. Le système n'est pas sans inconvénient. Après chaque décharge on risque d'être obligé de remplacer la bobine détériorée. Tout au plus peut-on diminuer cet inconvénient en isolant le tambour et en le reliant à la terre par une résistance sans self. Aussi le moyen n'est-il appliqué que comme sûreté supplémentaire et comme accessoire des parafoudres et limiteurs, toujours nécessaires.

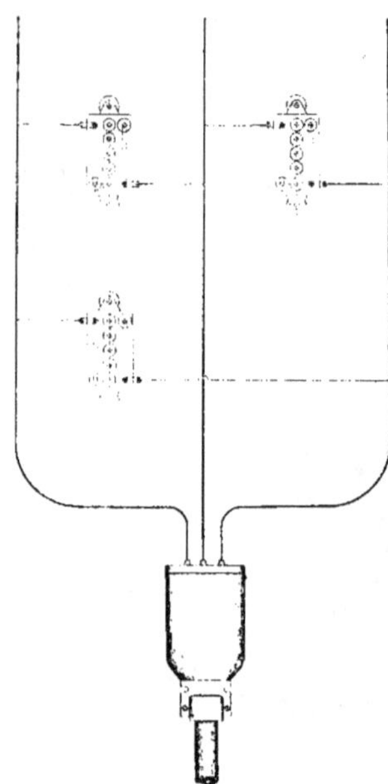

Fig. 82. — Parafoudre à rouleaux protégeant un câble.

Le choix à faire sera nécessairement limité quand la jonction du câble et de la ligne est faite à ciel ouvert, sur un poteau, par exemple, ou dans un local très petit (cabine de sectionnement). On emploie alors les parafoudres à cornes, spécialement les modèles à relais ou les parafoudres à rouleaux.

Quand la place est suffisante on a recours aux soupapes Giles (voir au chapitre des limiteurs) et aux condensateurs.

La figure 83 donne le schéma adopté par la Société des Condensateurs de Fribourg pour la jonction d'une ligne et de câbles dans le socle d'un

Fig. 83. — Jonction d'un câble et d'une ligne avec protection par condensateurs.

pylône. En 4.4, sont des bobines de self ; en 5, des fusibles, en 2.2, les batteries de condensateurs.

CHAPITRE X

Protection
contre les surtensions longitudinales

Quand la fréquence d'une oscillation est extrêmement élevée, l'onde est courte et un maximum de tension pourra se trouver près d'un minimum. Si ces deux points sont dans une même machine, on aura entre des conducteurs isolés pour une tension modérée une tension relativement élevée, qui crèvera l'isolation entre fils. Ainsi s'expliqueraient des accidents dus à des surtensions d'origine atmosphériques, où l'isolant n'est pas crevé *à la masse*, mais de *fil à fil*. Il est assez rare de pouvoir le constater très nettement, car le plus souvent il s'ensuit une crevaison à la masse.

On a cherché des protections spéciales contre ce phénomène. L'idée qui se présente tout d'abord est de placer des parafoudres voisins les uns des autres, et répartis par exemple le long d'une bobine de self. Ce moyen s'est trouvé souvent efficace. Comme il s'agit de haute fréquence le moyen le plus puissant est d'avoir recours aux condensateurs. C'est plus coûteux, mais souvent pas plus encombrant.

On a cherché d'autre part une sécurité supplémentaire dans l'isolation particulièrement soignée des bobines de transformateurs voisines des bornes d'amenée, des bobines et connexions des alternateurs voisines des bornes et aussi de ces bornes elles-mêmes. Entre ces bornes, en effet, on risque d'avoir l'addition du voltage de la machine et de la surtension longitudinale. De là ces curieux accidents dont nous en décrirons quelques-uns.

Les bobines de self étant efficaces contre les hautes fréquences, leur emploi est tout indiqué, concurremment avec les autres moyens de protection. Différents constructeurs ont employé, il y a bien des années déjà, des bobines de self en série ayant entre chacune un parafoudre à cornes.

Comme les surtensions longitudinales n'ont pas forcément une tension élevée avec la terre, il est très possible qu'elles causent des dégâts notables sans que les parafoudres ordinaires, et spécialement les parafoudres à cornes, entrent en jeu.

CHAPITRE XI

Description de quelques cas de surtension

Parmi de multiples cas curieux de surtension nous en choisirons 5 parmi ceux dont l'un ou l'autre des auteurs a pu être témoin, et qui ont pu être observés avec détail.

Premier exemple (fig. 84). — Un alternateur (1) d'une trentaine de kilovoltampères, triphasé, alimente une ligne aérienne en parallèle avec un autre de 50 k.v.a. Le premier fournit le voltage direct de 5.000 v, l'autre (2) par l'intermédiaire d'un transformateur. Le premier était seul en service le jour de l'accident. Il alimentait deux

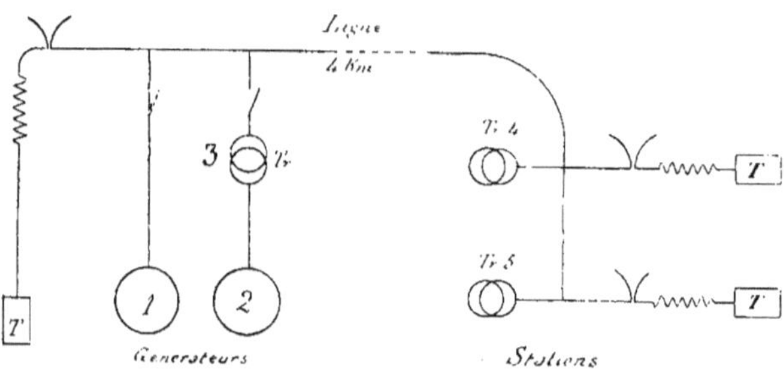

Fig. 84.

stations de transformateurs à 4 km environ. La ligne accuse des différences de niveau de 800 m sur ses 4 km. Station génératrice et stations de transformation étaient pourvues de parafoudres à cornes avec résistance.

Au cours d'un violent orage avec décharges violentes dans le voisinage des stations 4 et 5, un arc s'amorça aux bornes de l'alternateur (1), distantes de 75 mm. Les parafoudres à cornes voisins, distants de 5 m environ, mesurés sur les connexions, réglés à 5 mm, ne fonctionnèrent pas. Il n'y avait pas d'autre self, sur les conducteurs reliant l'alternateur aux parafoudres, que celle d'un petit transformateur de mesure d'ampères, branché sur une seule phase, et celle des sinuosités nécessaires des conducteurs.

En d'autres occasions les parafoudres avaient normalement fonctionné. A la suite de l'accident on intercala des bobines de self entre la ligne et les alternateurs, et dès lors le phénomène ne se reproduisit plus, même au cours de violents orages.

Deuxième exemple. — La ligne décrite dans le premier exemple fut alimentée dans la suite par un autre alternateur de 3.000 v. Le schéma était le même que ci-dessus, à l'exception de bobines de self faites d'une dizaine de spires de fil de ligne, intercalées entre les parafoudres à cornes et l'alternateur.

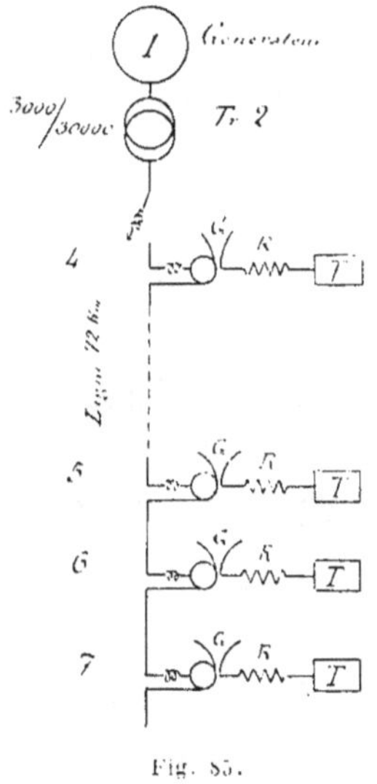

Pendant un orage l'arc s'amorça aux bornes de l'alternateur distant de 30 m des parafoudres, mesuré sur les conducteurs. Et de nouveau les parafoudres ne fonctionnèrent pas. On remplaça dès lors les bobines de self sans fer par de nouvelles bobines avec un plus grand nombre de spires et un noyau de fer, et le phénomène d'arc aux bornes ne se renouvela pas. La protection est atteinte au dépend d'une minuscule diminution de rendement.

Troisième exemple (fig. 85). — Un alternateur à 3.000 v (1) alimente au moyen d'un transformateur (2) de 3.000/30.000 v une ligne triphasée de 72 km. La centrale et les stations de transformateurs sont munis de parafoudres Gola, qui comportent une self, une capacité et un éclateur à cornes avec résistance ohmique. Chacun des parafoudres a trois distances explosives ; ils sont réglés de la même manière.

Fig. 85.

Au cours d'un orage on constata les faits suivants dont il n'est pas possible de déterminer exactement l'ordre chronologique :

Les parafoudres 5 et 4 aux deux extrémités de la ligne fonctionnent. L'automate 3 fonctionne.

Un arc s'amorce entre les bornes de l'alternateur et la masse.

Il est à remarquer que le transformateur a ses bornes à des distances supérieures à celles de l'alternateur.

Il ne semble pas douteux qu'il s'agisse ici d'une surtension interne que des limiteurs de tension placés en amont de l'automate auraient absorbée.

Quatrième exemple. — Schéma analogue au précédent. Transformateurs de 10.000/16.000 ; parafoudres à cornes et à rouleaux aux extrémités de la ligne. Déchargeur hydraulique.

Déclanchement de l'automate par surcharge, coupant à la fois l'amont et l'aval du transformateur. Bobines crevées à l'un des alternateurs, tantôt à la masse, tantôt à la fois à la masse et entre fils.

Cinquième exemple (fig. 86). — La ligne triphasée utilise trois fils sur quatre. Le quatrième sert de réserve. Tension 30.000 entre phases.

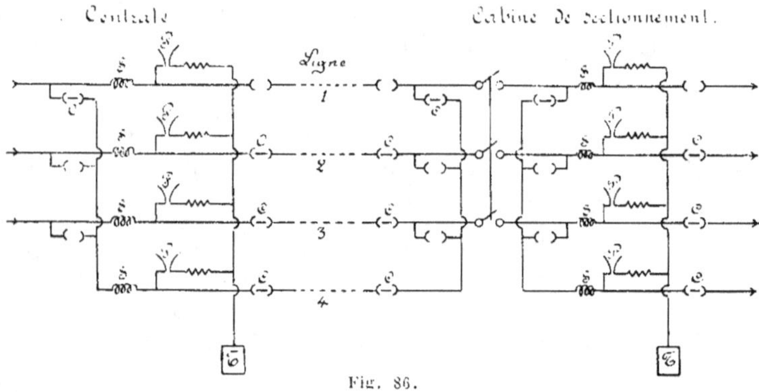

Fig. 86.

C'est la même qu'au troisième exemple. Parafoudres Gola à la station et à une cabine de sectionnement, à 24 km . de la centrale. Les fils 2, 3 et 4 étant en service, le parafoudre du fil 1, à la station, se trouvait branché en dérivation sur le parafoudre du fil 4.

Une surtension se produit qui fait fonctionner les parafoudres 2 et 4 de la cabine. Cela peut s'expliquer par une terre momentanée sur le fil 3.

A la station centrale, par contre, c'est le parafoudre nº 1 qui fonctionne. L'origine atmosphérique de la surtension étant admise, il a donc fallu que la surtension traverse deux bobines de self avant d'atteindre le parafoudre 1, et cela en passant devant le parafoudre 4 sans le faire fonctionner.

Un examen attentif de tous les appareils, après l'incident, n'a pu déceler aucun défaut ou aucune différence de réglage.

Le cas paraît difficilement explicable.

———

CHAPITRE XII

Montage des Parafoudres

———

A titre d'exemple de dispositifs nous prendrons le cas d'une centrale dont le schéma simplifié est donné par la figure 87.

Les alternateurs tels que G alimentent les premières barres omnibus à basse tension et peuvent en être déconnectés par l'automate A. De celles-ci les connexions vont aux transformateurs tels que Tr à travers le double automate AA. Les secondaires des transformateurs, à haute tension, sont en parallèle par les barres omnibus de départ. Chaque départ est muni de son automate A.

Les lignes, supposées aériennes, seront munies de diverses protections. Par exemple des éclateurs avec résistances et terre E, qui pourront être des cornes. Pour les décharges à haute fréquence on aura des condensateurs C et des bobines de self en série S. Les charges statiques seront éliminées par un déchargeur J, qui pourra être à jet d'eau.

La protection contre les surtensions externes sera complète. Si l'automate de départ vient à fonctionner il faut protéger les transformateurs contre les surtensions internes qui en résulteront. On pourrait brancher sur chaque transformateur un limiteur de tension. Par simplification, on pourra installer sur les barres omnibus à haute tension un seul limiteur, éventuellement monté en limiteur-parafoudre LP.

En cas de fonctionnement de l'automate des transformateurs on aura des surtensions internes sur les rails omnibus de basse tension. Une protection semblable leur sera donc adjointe.

Enfin, dans le cas de fonctionnement de l'automate de l'alternateur, il faut protéger la machine par un limiteur de tension L.

Malgré toutes ces protections on cherchera à ce que les machines
et appareils supportent eux-mêmes des surtensions données. Il est
relativement facile d'obtenir de très forts isolements de tout ce qui ne
comporte pas d'enroulement. Cela est plus difficile pour les machines.
Pour les transformateurs on obtient une sécurité relative par l'emploi

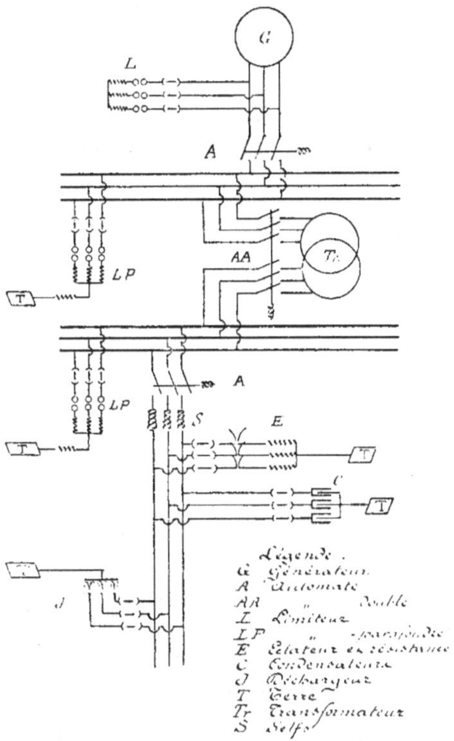

Fig. 87. — Schéma général d'une centrale avec protections.

de l'huile et d'un renforcement de l'isolation des bobines voisines des
bornes. Pour les grandes unités il n'est pas superflu de munir chaque
transformateur d'un limiteur de tension. Ce devrait être une règle d'en
munir chaque générateur ou moteur, mais l'emplacement fait souvent
défaut. A cet égard les sous-sols élevés et spacieux sont précieux.

Lorsqu'un très grand nombre de lignes partent de mêmes rails de départ, il est coûteux d'installer autant de protections que de lignes, surtout si la protection est triple, comme dans le cas que nous venons de voir.

Les parafoudres sont en effet encombrants, et le développement des constructions destinées à les recevoir devient vite excessif. On peut alors installer les protections sur les rails de départ eux-mêmes, en montant en série dans ces rails des parafoudres série. Dans ce cas les interrupteurs de ligne ne sont plus protégés, et leur construction devra les rendre capables de supporter les surtensions, comme les lignes elles-mêmes. Cela est particulièrement simple si ces interrupteurs ne sont pas automatiques ou remplacés par de simples fusibles.

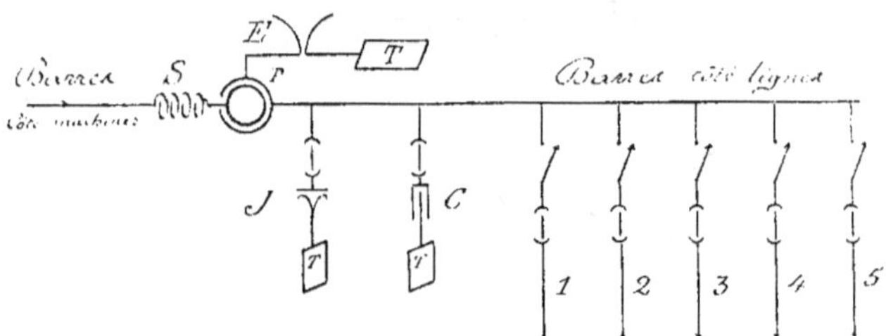

Fig. 88. — Protection commune de plusieurs lignes de départ.

Les *sous-stations* sont en général protégées de la même manière que les stations génératrices du côté primaire. Du côté des lignes secondaires, supposées à basse tension, les protections sont simplifiées, d'autant plus que la tension est plus basse. Jusqu'à 300 v, et pour lignes courtes, on se contente souvent des anciens modèles à peigne. Nous en avons installé un grand nombre, et, à vrai dire, n'avons jamais constaté leur fonctionnement sur des lignes de lumière, les installations intérieures présentant toujours des points faibles et au surplus d'assez notables capacités pour jouer le rôle de condensateurs.

Au delà de 300 v et dès que la longueur dépasse un demi-kilomètre, il est prudent d'avoir recours à des protections plus complètes. Pour le courant continu les parafoudres électrolytiques et C. I. E. M. sont indiqués ; les parafoudres à rouleaux et résistances sont très employés pour continu et alternatif, et spécialement pour les lignes de tramways.

Quand les lignes sont en partie aériennes, en partie souterraines, il faut en tout cas au point de jonction une protection spéciale (voir au Chapitre IX).

L'encombrement des parafoudres est particulièrement grand avec ceux qui produisent des arcs. Les parafoudres à cornes desservant des lignes à haute tension et puissances notables réclament au-dessus d'eux une hauteur de 1 m 1/2 à 2 m jusqu'à 50.000 v et 3 au delà. Les parois de division doivent être de matériel isolant et incombustible. L'ardoise est un des meilleurs. Le béton armé est employé quelquefois, mais à tort, car il a été souvent la cause de courts-circuits.

Les parafoudres à rouleaux exigent aussi un emplacement assez grand pour les hautes tensions, car il arrive que la décharge fasse de fortes flammes s'ils sont disposés verticalement.

Il est assez habituel de disposer les parafoudres en dérivation, ce qui permet des arrangements plus économiques. On ne dispose alors en série que les bobines de self. Quand la question d'encombrement est secondaire il est cependant préférable de disposer certains parafoudres en série. Cela est de nécessité pour le modèle Gola, et c'est là peut-être la raison qui lui donne une certaine supériorité. Certaines bobines de self qui portent des cornes doivent aussi être placées en série et leur protection est particulièrement efficace.

Tout parafoudre doit être pourvu de couteaux de sectionnement, permettant de les examiner et de les entretenir sans danger. Avec la disposition en série il faut trois couteaux par appareil, pour le shunter avant de le mettre hors circuit. C'est encore une raison de plus grand encombrement.

Il est d'usage de placer les parafoudres aux étages supérieurs. Il s'ensuit que les lignes de terre sont longues, et sont rarement affranchies de sinuosités. C'est une disposition fâcheuse. On devrait mettre les parafoudres au rez-de-chaussée avec des lignes de terre sans coudes et très courtes. Cela est en général facile avec les stations de transformation, mais assez dispendieux pour les stations génératrices dont les tableaux de distribution et les lignes de départ sont généralement aux étages supérieurs.

CHAPITRE XIII

Table des distances explosives

Entre boules de 50 mm, à 20°,
740 mm de pression et 50 % d'humidité relative (E.T.Z. 1911, p. 486).
Pour d'autres pressions ou températures le voltage est :

$$V' = V \, \frac{740}{H} \cdot \frac{273 + t}{273 - 20}.$$

DISTANCE	VOLTS	DISTANCE	VOLTS
mm		mm	
1	2.200	20	41.200
2	4.500	30	56.000
3	6.800	40	67.000
4	9.200	50	76.000
5	11.500	60	83.000
6	13.800	70	88.500
7	16.100	80	94.000
8	18.400	90	98.000
9	20.500	100	102.000
10	23.700	110	106.000
11	24.800	120	109.000
12	26.800	130	112.000
13	28.800	140	114.500
14	30.700	150	117.500
15	32.500	160	120.500
16	33.300	170	123.000
17	36.000	180	126.000
18	37.800	190	129.000
19	39.500	200	131.500
20	41.200		

CHAPITRE XIV

Théorie des oscillations électriques et des parafoudres

Par A. DROZ

Il est utile, pour bien comprendre le fonctionnement des parafoudres, d'étudier au préalable le mode de production des oscillations électriques ainsi que les propriétés de celles-ci ; c'est ce que nous allons faire succinctement.

Tout conducteur soumis à des variations de potentiel et par suite d'intensité est le siège d'oscillations électriques, mais on entend plus spécialement par oscillations électriques les variations qui ont un caractère périodique régulier.

On distingue deux genres d'oscillations électriques essentiellement différentes quant à leur mécanisme : ou bien on peut avoir un circuit dans lequel l'amplitude varie périodiquement mais a en tous les points même phase, c'est le cas d'un circuit de courant quasi stationnaire, ou bien le circuit considéré peut être le siège d'une onde électrique qui se propage.

L'amplitude de l'intensité n'a plus alors même phase en tous les points du circuit.

Première Partie

Oscillations électriques à circuit de courant quasi stationnaire.

Ce sont les oscillations de l'espèce la plus simple ; l'amplitude du courant a, au même moment, la même valeur en tous les points du circuit.

Les courants alternatifs de la technique appartiennent à ce genre d'oscillations. Pour obtenir des fréquences élevées, on se sert de circuits à condensateurs, disposés en conséquence.

L'étude des oscillations à basse fréquence rentrant dans le cadre de l'étude des courants alternatifs, nous nous bornerons à l'étude des oscillations à fréquence élevée; pour cela nous étudierons le fonctionnement d'un circuit à condensateur.

Circuits à condensateurs.

I. Tout d'abord, rappelons des lois connues :

Soit un condensateur de capacité C inséré dans un circuit de courant alternatif sans induction, mais de résistance R.

On aura :

$$i\mathrm{R} = e_e + \mathrm{V}$$

où i représente la valeur momentanée du courant, e_e la valeur momentanée de la f. e. m. extérieure et V la valeur momentanée de la tension entre plaques du condensateur.

L'amplitude maximum du courant sera donnée par :

$$\mathrm{I} = \frac{\mathrm{E}_e}{\sqrt{\mathrm{R}^2 + \left(\dfrac{1}{2\pi_f \mathrm{C}}\right)^2}}$$

où E_e est la valeur maximum de la f. e. m. extérieure et f la fréquence de l'oscillation.

Le diagramme vectoriel aura la physionomie de la figure 89.

IR est la résultante de E_e et de V; V est en avance sur i de 90° dans la phase.

L'introduction d'une capacité modifie comme l'on sait la courbe de courant, la *capacitance* $\dfrac{1}{2\pi f\mathrm{C}}$ devenant d'autant plus faible que la fréquence est plus élevée. La courbe de courant accentuera toujours les harmoniques d'ordre supérieur de la f. e. m. extérieure et cela avec d'autant plus d'acuité que la résistance du circuit sera plus faible.

II. Envisageons maintenant le cas d'un condensateur de capacité C inséré dans un circuit présentant une self-induction L et une résistance R (fig. 90).

A la tension V viendra s'ajouter la f. e. m. induite e_L due à la présence de la self-induction.

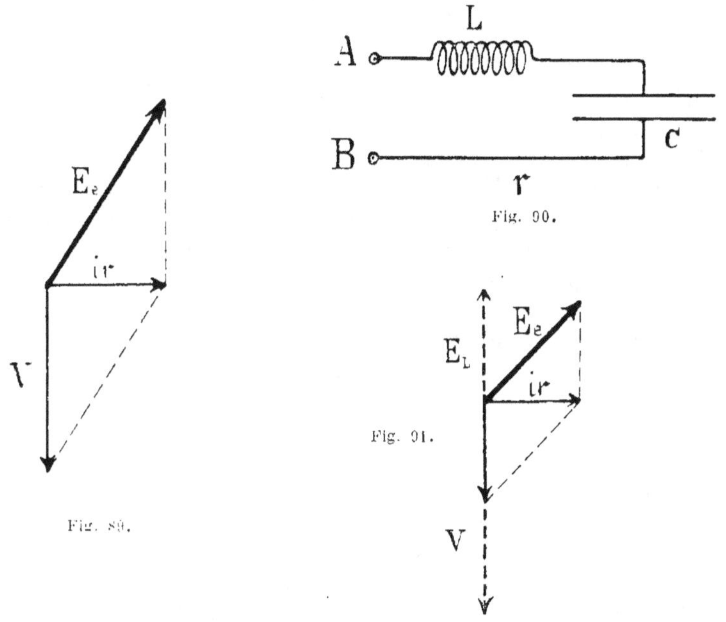

On aura :

$$iR = e_o + V + e_L.$$

L'amplitude maximum sera donnée par :

$$I = \frac{E_o}{\sqrt{R^2 + \left(2\pi fL - \dfrac{1}{2\pi fC}\right)^2}}$$

et le diagramme aura la physionomie ci-dessus (fig. 91) :

E_e est la résultante de IR et de $(V - E_L)$; V avance et E_L retarde de 90° sur le courant I.

Nous avons supposé jusqu'ici que la f. e. m. extérieure E_o avait une fréquence donnée f sur la valeur de laquelle nous n'avons fait toutefois aucune hypothèse. Supposant donc la self-induction I et la capacité C constantes, nous allons imaginer une fréquence telle que l'inductance soit égale à la capacitance, en un mot que le facteur

$$2\pi f\mathrm{I} - \frac{1}{2\pi f\mathrm{C}}$$

soit nul.

L'intensité et la f. e. m. extérieure seront alors en phase et la f. e. m. sera d'autant plus faible pour un courant donné que la résistance R du circuit sera elle-même plus faible. Supposons un instant cette résistance nulle : la f. e. m. E le sera aussi, on pourra donc relier par un fil sans résistance les deux bornes A et B et on obtiendra le circuit à condensateur dans sa forme générale. L'oscillation de fréquence f qui aura été provoquée dans le circuit se maintiendra sans perdre de son amplitude, l'énergie oscillant du champ magnétique au champ électrique et *vice versa* ; il y aura transformation de l'énergie poten-tielle $\frac{C}{2} E^2$ en énergie cinétique $\frac{L}{2} I^2$. Nous aurons une oscillation non amortie.

Revenons maintenant au cas pratique d'un circuit à condensateur dont la résistance n'est pas nulle : communiquons à ce circuit une certaine quantité d'énergie, soit sous la forme de champ électrique, soit sous la forme de champ magnétique : si nous l'abandonnons ensuite à lui-même, ce circuit sera le siège d'oscillations qui pour une résistance R faible auront une fréquence très voisine de la fréquence définie plus haut. Ce sont les *oscillations propres* du circuit consi-déré, c'est-à-dire des oscillations dont la fréquence est uniquement déterminée par les constantes du circuit et indépendante des f. e. m. extérieures qui peuvent agir sur lui. A chaque oscillation une certaine quantité d'énergie est transformée en chaleur, à cause de la résis-tance du circuit : cette transformation n'est pas réversible ; il s'en-suit que l'énergie calorique devra être empruntée à l'énergie primi-tivement emmagasinée dans le circuit. Les amplitudes maxima de courant iront en décroissant d'une manière continue. Nous aurons une oscillation *amortie*.

III. *Calcul de la fréquence propre d'un circuit à condensateur.* — Soient :

V_t la différence de tension existant à l'instant t entre les armatures du condensateur.

V_0 la différence de tension à l'instant initial.

e_0 la charge électrique à l'instant initial.

L'énergie communiquée au circuit n'est autre que :

$$(1) \qquad W = \frac{C}{2}\, V_0{}^2,$$

où C est la capacité du condensateur.

Nous aurons à l'instant t l'égalité :

$$V_t - L\,\frac{di}{dt} = iR$$

(L = self-induction du circuit) qui, dérivée par rapport au temps, donne :

$$\frac{dV_t}{dt} = R\,\frac{di}{dt} + L\,\frac{d^2i}{dt^2} = -\frac{de}{C\,dt} = -\frac{i}{C}.$$

On en tire l'équation différentielle du courant en fonction du temps :

$$(2) \qquad \frac{d^2i}{dt^2} + \frac{R}{L}\frac{di}{dt} + \frac{i}{CL} = 0,$$

dont l'intégrale générale est :

$$(3) \quad i = A_1 e^{-\left[\frac{R}{2L} - \sqrt{\left(\frac{R}{2L}\right)^2 - \frac{1}{LC}}\,\right]t} + A_2 e^{-\left[\frac{R}{2L} + \sqrt{\left(\frac{R}{2L}\right)^2 - \frac{1}{LC}}\,\right]t}.$$

Il y aura deux cas à considérer suivant que

$$\left(\frac{R}{2L}\right)^2 \gtrless \frac{1}{LC}.$$

Le premier cas où

$$\left(\frac{R}{2L}\right)^2 > \frac{1}{LC}$$

ne nous intéresse pas ; il correspond à la décharge apériodique du condensateur.

Pour

$$\left(\frac{R}{2L}\right)^2 = \frac{1}{LC}$$

on a la résistance critique :

$$R = 2\sqrt{\frac{L}{C}}$$

Enfin, pour

$$\left(\frac{R}{2L}\right)^2 < \frac{1}{LC},$$

la décharge est oscillante ; le courant est alors donné par :

$$(3a) \qquad i = \frac{V_0}{L\sqrt{\dfrac{1}{LC} - \left(\dfrac{R}{2L}\right)^2}} \sin \sqrt{\frac{1}{LC} - \left(\frac{R}{2L}\right)^2}\ t\ e^{-\frac{R}{2L}t}$$

Le facteur $e^{-\frac{R}{2L}t}$ montre que l'oscillation est amortie à cause de la résistance.

La longueur d'onde est égale à :

$$\lambda = \frac{2\pi}{\sqrt{\dfrac{1}{LC} - \left(\dfrac{R}{2L}\right)^2}}$$

et la fréquence f n'est autre chose que l'inverse de la longueur d'onde :

$$(4) \qquad f = \frac{1}{2\pi}\sqrt{\frac{1}{LC} - \left(\frac{R}{2L}\right)^2} = \frac{1}{2\pi}\sqrt{\frac{1}{LC} - \beta^2}$$

Si, pour simplifier, nous posons :

$$\frac{R}{2L} = \beta,$$

β est appelé le facteur d'amortissement.

IV. *Formule de Kelvin.* — *La formule de Kelvin* suppose un facteur d'amortissement β faible, de telle sorte que β^2 puisse être négligé par rapport à $\dfrac{1}{LC}$. L'équation générale 4 ci-dessus devient alors :

$$(5) \qquad f = \frac{1}{2\pi}\cdot\frac{1}{\sqrt{LC}}.$$

C'est précisément la fréquence pour laquelle l'inductance et la capacitance du circuit sont égales.

La formule de Kelvin, tout en n'étant qu'approximative, peut être appliquée à la grande majorité des cas de la pratique ; presque toujours la décharge est oscillante et peu amortie.

V. *Conditions de validité de l'équation générale* (4). — a) L'hypothèse fondamentale que nous avons dû faire pour appliquer la loi d'Ohm dans l'équation (1) est que *le courant est stationnaire dans toute l'étendue du circuit.*

b) Outre le champ électrique du condensateur, il existe un autre champ électrique induit par le champ magnétique produit par le courant : ce second champ électrique, négligeable par rapport au premier pour de basses fréquences, ne l'est plus aux fréquences élevées $f = 10^6$, par exemple ; il provoque une modification de la self-induction et de la capacité du circuit.

Or, dans le calcul, nous n'avons tenu compte que du champ électrique du condensateur. Pour tenir compte de ce second champ à une fréquence élevée, il suffira d'introduire dans l'équation (4) les valeurs de la self-induction et de la capacité qui correspondent à cette fréquence.

c) *Nous avons supposé un circuit fermé* ; or, lorsqu'on décharge un condensateur sur une self, une étincelle éclate à l'instant initial de la décharge et le circuit ne peut pas être considéré comme fermé. Pour maintenir cette hypothèse, il faut tenir compte de l'amortissement causé par l'étincelle en introduisant à côté du facteur d'amortissement β_j dû à l'effet Joule un autre facteur d'amortissement β_e dû à la présence de l'étincelle.

L'amortissement par étincelle n'est pas proportionnel à i^2, car le rapport entre les amplitudes maxima de deux oscillations consécutives ne reste pas constant au cours de la décharge ; les amplitudes maxima décroissent plus rapidement qu'une exponentielle. Le facteur d'amortissement par étincelle β_e croît donc progressivement au cours de la décharge.

d) En appliquant la loi d'Ohm, équation (1), nous avons admis implicitement que la seule déperdition d'énergie était due à l'effet Joule ; or, il n'en est rien pratiquement.

En effet, indépendamment du facteur d'amortissement β_e dû à la présence de l'étincelle, il y a un troisième facteur d'amortissement dont nous n'avons pas parlé qui, peu important dans les circuits à condensateurs, devient d'une importance capitale dans tous les circuits linéaires : nous voulons parler du *facteur par rayonnement* β_r.

L'amortissement par rayonnement provient de ce qu'une partie de l'énergie du circuit se répand au dehors sous forme d'ondes électromagnétiques ; une analogie à ce phénomène est fournie par les ondes d'air créées par le va-et-vient d'un plan se déplaçant perpendiculairement à lui-même ; cette perte d'énergie par rayonnement est proportionnelle à i^2.

La perte d'énergie par rayonnement joue un rôle plutôt secondaire dans les circuits à condensateurs qui sont des circuits fermés. En effet, pour un point éloigné de l'espace, on trouvera toujours deux éléments de courant du circuit de direction opposée, de telle sorte que leur action sur le champ électrique du point considéré s'annule ou à peu près.

Des expériences de Batelli et Magri ont démontré que le décrément de rayonnement pour un circuit à condensateur constitue les 4 à 7 % du décrément total, 7 pour des fréquences élevées, 4 pour des fréquences plus faibles.

Le décrément total β est donc égal à une somme de décréments partiels :

$$\beta = \beta_{joule} + \beta_c + \beta_r.$$

L'amortissement est caractérisé par le rapport de l'énergie consommée à l'énergie totale. Dans le décrément total il faudrait donc encore faire intervenir d'autres facteurs qui tinssent compte des autres causes de perte d'énergie, hystérésis diélectrique du condensateur, hystérèse du fer si les bobines du circuit en contiennent, etc... Il est difficile, sinon impossible, d'exprimer ces pertes dans des équations, c'est pourquoi on préfère en général déterminer expérimentalement le facteur d'amortissement total.

Pour des amortissements élevés, la formule de Kelvin devient inapplicable ; la fréquence doit alors se calculer par la formule générale (4) établie plus haut :

$$f = \frac{1}{2\pi} \sqrt{\frac{1}{LC} - \beta^2} = \frac{f_{Kelvin}}{\sqrt{1 + \left(\frac{\beta}{2\pi}\right)^2}}.$$

Cette formule nous montre que la fréquence diminue d'autant plus que l'amortissement est plus fort. Pour l'amortissement correspondant à la résistance critique, la fréquence est nulle ; elle devient ensuite imaginaire, ce qui veut dire que la décharge devient apériodique.

Résonance.

Les circuits à condensateur constituent un moyen commode d'étude du phénomène de la résonance.

Envisageons tout d'abord le cas où la résistance, partant le décrément d'un circuit à condensateur, est faible.

Faisons agir sur ce circuit une f. e. m. extérieure E_e de même fréquence que sa fréquence propre ; l'inductance étant égale à la capacitance, l'impédance devient minimum et le courant maximum. Il y a *résonance*.

Le courant est égal à :

$$(6) \qquad i = \frac{E_e}{R} ;$$

et la tension à

$$(7) \qquad V = \frac{1}{2\pi f C} i.$$

L'intensité et la f. e. m. extérieure sont en phase.

Pour toutes les autres fréquences de la f. e. m. extérieure, l'intensité et la différence de tension entre plaques du condensateur auront des valeurs plus faibles.

Nous avons supposé que l'oscillation propre du circuit était peu amortie. La fréquence pour laquelle se produit la résonance peut alors s'écrire :

$$f = \frac{1}{2\pi \sqrt{LC}} ,$$

dérivée de l'égalité

$$2\pi f L = \frac{1}{2\pi f C}.$$

Cette formule est identique à celle qui donne la fréquence propre du circuit.

Pour obtenir la valeur de l'accroissement de l'amplitude du courant et de la tension, remplaçons dans les formules (6) et (7) ci-dessus R par $2L\beta$.

Il en résulte :

$$i = \frac{E_e}{2 L \beta}$$

et

$$V = \frac{E_e}{LC(2\pi f)\beta} = \pi f \frac{E_e}{\beta}.$$

Ces formules montrent que i et V croissent d'autant plus que β est plus faible.

Le phénomène de la résonance est un phénomène totalisateur d'énergie. L'amplitude des oscillations croît jusqu'à ce que la dépense d'énergie causée par chaque oscillation devienne égale à l'apport d'énergie qui a lieu au cours de cette oscillation; la dépense d'énergie croît avec le carré et l'apport extérieur avec la première puissance de l'amplitude des oscillations.

La tension V aux bornes du condensateur est la résultante de deux tensions : l'une est celle de l'oscillation *forcée* qui tend à se produire sous l'influence de la f. é. m. extérieure E_e ; l'autre, celle de l'oscillation *propre* du circuit qui se produit à chaque fermeture de celui-ci.

L'amplitude de tension des oscillations propres tend vers zéro d'autant plus rapidement que l'amortissement est plus élevé. La tension V entre les plaques du condensateur n'atteint sa valeur constante que lorsque les oscillations propres sont éteintes. On peut énoncer le résultat suivant :

L'amplitude constante de l'oscillation est d'autant plus élevée que le facteur d'amortissement est plus faible, mais le régime stationnaire est d'autant plus rapidement atteint que le facteur d'amortissement est plus élevé.

Pendant l'accroissement de l'amplitude, une partie de l'énergie électrique extérieure apportée au circuit est transformée en chaleur, l'autre est employée à l'établissement des champs électrique et magnétique, autrement dit à l'augmentation de l'énergie potentielle et cinétique du système.

Supposons que nous fassions agir une f. é. m. extérieure E_e de fréquence invariable f_1 sur un circuit à condensateur ou plus généralement sur un oscillateur dont la fréquence f_2 des oscillations propres puisse être modifiée à volonté. Il est intéressant de se rendre compte comment le courant i et la tension V du circuit varieront avec la fréquence f_2. Nous aurons à envisager, comme précédemment, deux cas principaux, suivant la valeur de l'amortissement :

1º *Amortissement très faible.* — I et V ne varieront pas de la même manière suivant que nous ferons varier f_2 en modifiant la capacité ou la self-induction du circuit ; mais le point caractéristique à retenir, c'est que les courbes de I et de V en fonction de f_2, tout en n'ayant pas la même allure, présenteront un maximum pour la même valeur de la fréquence f_2 qui sera elle-même égale à la fréquence f_1 de la f. é. m. extérieure E_e.

2° *Amortissement élevé.* — La fréquence pour laquelle la tension atteint son maximum est différente de celle pour laquelle le courant est maximum.

Le maximum n'est atteint ni pour I ni pour V lorsque la fréquence f_2 est égale à f_1.

Deuxième Partie

Oscillations électriques dans les circuits de courant non stationnaire.

Ondes électromagnétiques se propageant le long des fils. — A côté des oscillations que nous venons d'étudier vient se ranger une autre catégorie d'oscillations électriques qui ne présentent plus comme les premières la particularité que le courant a même valeur et même phase au même instant en tous les points du circuit. Ces ondes se propagent, peuvent interférer, donnant naissance à des ondes stationnaires.

Des ondes qui se propagent sont caractérisées par le fait qu'il existe entre les amplitudes de l'oscillation en deux points quelconques du circuit une différence de phase qui croît avec la distance de ces deux points.

On peut mettre en relief cette propriété en provoquant des ondes dans un fil et en mesurant à l'aide d'un micromètre à étincelles la différence de tension qui existe entre un point fixe et divers points choisis sur le fil. On se rend compte que la longueur d'étincelle, de nulle qu'elle est pour des points très voisins du point fixe choisi, croît progressivement à mesure que l'on s'en éloigne jusqu'à un maximum : après quoi elle diminue pour redevenir nulle, passer ensuite par un second maximum et ainsi de suite. Ceci résulte, ainsi que nous le verrons, du fait qu'à chaque onde de courant correspond un champ électrique extérieur, par conséquent une onde de tension.

Théorie de la propagation des ondes. — Soit (fig. 92) un fil indéfini le long duquel se propage une onde.

Soit A un point fixe de ce fil ; la différence de phase entre l'intensité du courant en A et en un autre point quelconque C du circuit est proportionnelle à la distance x qui sépare ces deux points.

On peut donc poser

$$\varphi = ax,$$

où φ représente l'angle de phase et a un facteur de proportionnalité.

Nous allons admettre, pour simplifier, que l'amplitude maximum du courant est la même en tous les points du circuit, en un mot que l'oscillation ne s'affaiblit pas en se propageant.

L'intensité au point A est donnée à chaque instant par :

$$i_{\text{A}} = \text{I} \sin 2\pi ft,$$

le courant étant considéré comme + dans le sens de la flèche ; au point C, elle sera donnée par :

$$i_{\text{C}} = \text{I} \sin (2\pi ft - ax) = \text{I} \sin (2\pi ft - \varphi).$$

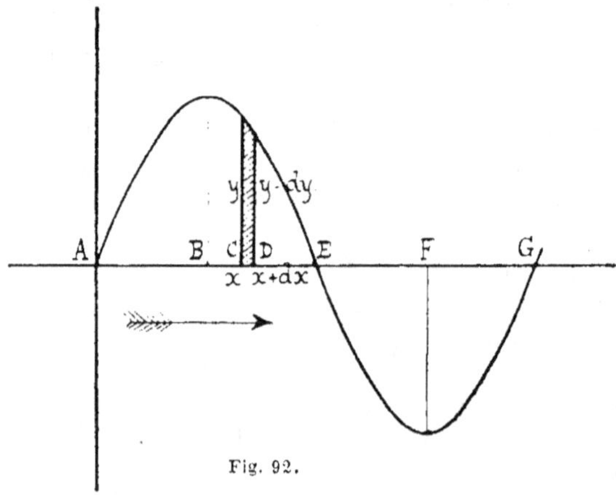

Fig. 92.

Choisissons le moment où i_{A} est égal à zéro, c'est-à-dire lorsque $2\pi ft = 0$ ou un multiple de 2π. En ce moment l'intensité au point C est donnée par :

$$i_{\text{C}} = - \text{I} \sin \varphi.$$

Il en résulte que la répartition du courant le long du fil est représentée par une sinusoïde. L'amplitude maximum de cette sinusoïde est la même que l'amplitude maximum du courant au point A.

Cette sinusoïde est représentée sur la figure 92. Alors que le courant est nul en A et va augmenter, il passe par un maximum positif en B, à une distance de A égale au quart de la distance AG ; il est nul en E, maximum négatif en F, nul en G, etc.

La distance AG s'appelle la *longueur d'onde* de l'oscillation.

On peut montrer comment varie l'intensité en un point quelconque du circuit en déplaçant la sinusoïde de AG avec une vitesse constante telle que la longueur AG soit parcourue pendant une période complète du courant alternatif en un point fixe A par exemple. Cette vitesse constante s'appelle la *vitesse de propagation* v de l'onde ; c'est donc la vitesse avec laquelle le point où le courant est nul se déplace le long du fil. Si la longueur AG est désignée par λ on aura $v = f\lambda$ où f est la fréquence de l'oscillation en un point quelconque.

Le courant est donc le même en tous les points du circuit, distants de une ou plusieurs longueurs d'onde.

Étude de l'onde électromagnétique. — Soit (fig. 92), entre les points C et D, un élément dx du circuit, et soient y et $y - dy$ les intensités momentanées du courant en ces deux points. Nous avons admis que l'onde se propage dans la direction de A à G.

Le courant qui sort de l'élément dx, $y - dy$ est plus faible que le courant qui y entre de la quantité dy, il en résulte que l'élément dx se chargera positivement. L'augmentation dV de potentiel dans l'unité de temps sera donnée par la relation $CdV = dy$, si C désigne la capacité par unité de longueur du fil.

Le courant chargeant positivement l'élément dx, un champ électrique sera créé hors du fil. Les lignes d'intensité du champ électrique partiront des éléments se chargeant positivement pour aller aboutir aux éléments se chargeant négativement.

Les divers éléments du fil se chargent positivement pour tous les points du fil situés sur la courbe descendante de la sinusoïde AG. Sur toutes les parties ascendantes, la charge diminue. Il en résulte que l'onde de charge et l'onde de courant ont même phase ; la tension V au point considéré et l'intensité du champ électrique à l'extérieur du fil ont donc même phase que le courant de celui-ci.

Le courant crée, en outre, au dehors et dans le fil, un champ magnétique dont les lignes d'induction dans le voisinage immédiat du fil sont des cercles ayant comme centre l'axe du fil ; le courant dans le fil et le champ magnétique extérieur ont même phase.

Si nous résumons ce qui précède, nous énoncerons la proposition suivante :

La propagation de l'onde électrique est accompagnée de la production d'un champ électrique et d'un champ magnétique extérieurs ; le champ magnétique donne naissance à son tour à un champ électrique (ondes de Hertz).

Si l'onde se propage dans le sens de la flèche, le champ électrique et le champ magnétique en dehors du fil ont même phase que le courant.

Si l'onde se propage dans le sens inverse, les champs électrique et magnétique diffèrent de 180° dans la phase.

Calcul de la vitesse de propagation.

Nous avons vu que la vitesse de propagation de l'onde est celle avec laquelle progressent les nœuds ou les ventres de courant, lorsque l'onde est établie normalement (valeur de régime).

Pour calculer la vitesse de propagation nous aurons à faire les deux hypothèses suivantes :

1° Les oscillations sont non amorties ;

2° Le circuit le long duquel elles se propagent est infiniment long.

Il y aura deux cas limites à considérer suivant que la résistance de la ligne sera négligeable par rapport à son inductance, ou suivant que son inductance sera négligeable par rapport à sa résistance. Entre ces deux cas limites se placeront tous les cas que l'on pourrait rencontrer dans la pratique.

1er cas. — La résistance est négligeable par rapport à l'inductance. — Considérons figure 92 un point quelconque du circuit et soient V sa tension, et c la charge par unité de longueur en ce point. Si c est la capacité par unité de longueur on aura :

$$(1) \qquad e = cV \quad \text{où} \quad V = \frac{1}{2\pi f c} i.$$

Considérons, d'autre part, un élément infiniment petit, dx, du fil ; le long de cet élément, le courant pouvant être considéré comme stationnaire. on aura, si L est le coefficient de self-induction par unité de longueur :

$$(2) \qquad i = \frac{1}{2\pi f L} \frac{dV}{dx} = \frac{1}{2\pi f L} \frac{\pi f}{v} V.$$

Mais (1) et (2) ne peuvent être appliqués simultanément que si

$$(3) \qquad v = \frac{1}{\sqrt{\mathcal{L}c}} \, ;$$

Pour un fil simple $\mathcal{L}$ et c ne sont pas définis, mais la relation (3) n'en reste pas moins générale.

En introduisant les valeurs de $\mathcal{L}$ et de c dans la formule (3) on obtient

$$(4) \qquad v = \frac{\text{Constante}}{\sqrt{\mu\gamma}}$$

où μ est la perméabilité et γ la constante diélectrique du milieu dans lequel se trouve le fil.

La vitesse de propagation est donc indépendante de la fréquence de l'oscillation ainsi que de la matière et du diamètre du fil ; elle est d'autant plus faible que la perméabilité et la constante diélectrique du milieu dans lequel se trouve le conducteur sont plus élevées.

Dans l'air, la vitesse de propagation

$$v_0 = \frac{\text{Constante}}{\sqrt{\mu_0\gamma_0}} = 3.10^{10} \text{ cm,}$$

c'est-à-dire la vitesse de la lumière.

Si la résistance, tout en restant faible par rapport à l'inductance, n'est cependant pas négligeable, on aura pour v la relation plus exacte :

$$v^2 = \frac{1}{\mathcal{L}c} \left[1 - \left(\frac{R}{2\pi f \mathcal{L}} \right)^2 \right].$$

La vitesse de propagation est maintenant plus faible que celle de la lumière, cela d'autant plus que la résistance est plus élevée.

Pour que la résistance joue un faible rôle par rapport à l'inductance, il faut que la fréquence soit élevée, 10^6 pour fixer les idées.

2e cas. — L'inductance est négligeable par rapport à la résistance. On a alors :

$$v = \sqrt{\frac{2\pi f}{cR}},$$

où c et R sont la capacité et la résistance par unité de longueur.

Ce cas se présente pour des fréquences inférieures à 1000 par seconde;

pour ces fréquences, la résistance a sensiblement la même valeur que
pour le courant constant.

$$v = \sqrt{\dfrac{2\pi f}{\dfrac{\gamma}{\gamma_0} c_0 R}}$$

La vitesse de propagation ne dépend maintenant du milieu que
si γ est différent de γ^0 (constante diélectrique de l'air). Elle dépend
en outre de la résistance et de la fréquence ; elle est plus faible que
la vitesse de la lumière.

Absorption des ondes électromagnétiques.

Nous avons supposé jusqu'ici que l'onde conservait la même amplitude au cours de sa propagation; en réalité, il n'en est pas ainsi. Si i est
l'amplitude maximum du courant à une distance x de l'origine où
l'amplitude maximum est i_{max} on aura, en tenant compte des remar-
ques faites précédemment, la relation :

$$i = i_{max}\, e^{-\alpha x}.$$

α diffère suivant que la résistance est négligeable par rapport à
l'inductance ou inversement. Dans ce dernier cas, α est toujours plus
faible que dans le premier, toutes choses étant égales d'ailleurs.

Dans le premier cas, on obtient pour α en ne tenant compte que
de l'amortissement par chaleur Joule :

$$\alpha = \frac{R}{2\,\ell v}.$$

où R est la résistance par unité de longueur du fil considéré à la fréquence donnée.

On en conclut que α est d'autant plus élevé que la fréquence de
l'oscillation est plus élevée et que la vitesse de propagation et la
self-induction par unité de longueur sont plus faibles.

Outre l'amortissement par chaleur Joule, il y a l'amortissement
beaucoup plus considérable dû au rayonnement électromagnétique,
qui dépend du milieu ambiant.

Nous avons obtenu précédemment pour V_{max} la relation :

$$V_{max} = \frac{1}{vc}\, i_{max}.$$

Si, dans cette équation nous remplaçons v par la valeur trouvée plus haut, nous aurons :

$$V_{max} = \sqrt{\frac{L}{c}}\, i_{max},$$

d'où pour le rapport des amplitudes maxima :

$$\frac{V_{max}}{i_{max}} = \sqrt{\frac{L}{c}}.$$

Cette relation est importante ; nous nous en servirons dans la suite.

Ondes stationnaires.

Deux oscillations de même longueur d'onde, et de même amplitude, mais se propageant en sens inverse, donnent naissance à une onde stationnaire.

Une onde stationnaire est une onde caractérisée par des nœuds et des ventres de vibration, lesquels restent fixes ; elle est caractérisée, en outre, par le fait que la *phase de l'oscillation est la même* en tous les points du fil.

L'*amplitude* de l'oscillation, par contre, est différente aux différents points du fil ; la courbe de répartition des amplitudes est donnée par une sinusoïde.

La longueur d'onde de l'onde stationnaire est la même que celle des ondes qui lui donnent naissance ; les nœuds se trouvent aux points où les oscillations qui se propagent ont une différence de phase de 180°, les ventres là où cette différence de phase est nulle.

Si les deux ondes qui se propagent en sens inverse ont même longueur d'onde, mais des amplitudes maxima différentes, elles forment encore par interférence une onde stationnaire, mais qui ne présente plus, comme l'onde précédemment étudiée, la particularité que l'amplitude est nulle aux nœuds de vibration. Les nœuds sont dits alors *non saillants*.

Réflexion des ondes qui se propagent.

Les ondes qui se propagent peuvent, dans certaines conditions, se trouver réfléchies ; elles interfèrent alors et produisent des ondes stationnaires.

Le cas le plus simple de réflexion est présenté par celle qui se passe à l'extrémité d'un fil.

Le courant doit être constamment nul à l'extrémité du fil. L'onde stationnaire, résultante de l'onde incidente et de l'onde réfléchie, aura un nœud de courant à cette extrémité. Ceci n'est donc possible que si l'onde réfléchie a une amplitude égale à celle de l'onde incidente et si ces amplitudes diffèrent de 180° dans la phase.

L'onde est donc réfléchie, avec changement de phase de 180°.

Ce qui précède s'applique nécessairement à l'onde magnétique à l'extérieur du fil.

Les ondes de charge électrique, par suite du champ électrique E, ont même phase que l'onde de courant incidente. L'onde incidente et l'onde réfléchie de charge électrique ont même phase.

On aura donc (fig. 93) en A un ventre de tension V et d'intensité du champ électrique à l'extérieur du fil : un ventre de tension correspond à un nœud de courant.

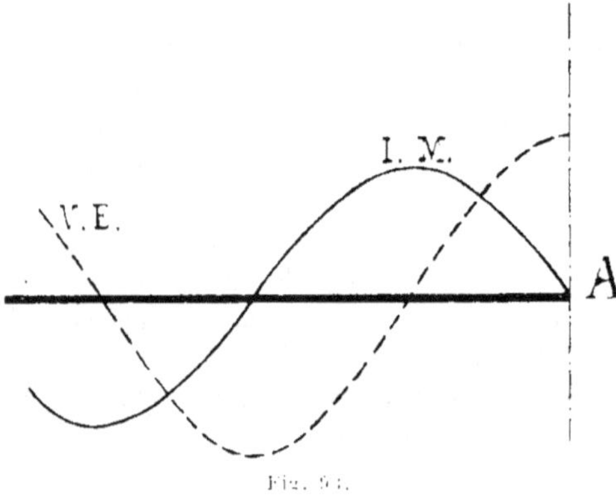

Fig. 93.

A l'extérieur du fil, un ventre de l'intensité du champ électrique correspond à un nœud du champ magnétique.

Si l'on a sur le fil un certain nombre de longueurs d'onde stationnaire, les nœuds ne sont saillants que dans le voisinage immédiat du point où se fait la réflexion et deviennent de moins en moins saillants à mesure qu'on s'en éloigne. Ceci est une conséquence de l'absorption des ondes.

Réflexion des ondes par les selfs.

Toute onde qui se propage le long d'un fil à l'extrémité duquel se trouve une bobine de self-induction est plus ou moins totalement réfléchie par celle-ci. On peut expliquer ce phénomène de la manière suivante :

Nous avons vu plus haut que le rapport des amplitudes de l'onde de courant à l'onde de tension est donné par :

$$\frac{i}{V} = \sqrt{\frac{C}{\mathcal{L}}}.$$

Soient (fig. 94) C la capacité et $\mathcal{L}$ la self-induction par unité de longueur du fil, C_1 et $\mathcal{L}_1$ les mêmes constantes se rapportant à la bobine.

Si l'onde passait du fil à la bobine sans réflexion on aurait nécessairement :

$$\frac{i}{V} = \sqrt{\frac{C}{\mathcal{L}}} = \sqrt{\frac{C_1}{\mathcal{L}_1}}.$$

Or, en réalité, le rapport $\sqrt{\dfrac{C_1}{\mathcal{L}_1}}$ est plus petit pour une bobine que pour un fil rectiligne ; il en résulte que le rapport du courant à la tension de l'onde qui pénétrera dans la bobine sera plus petit que le

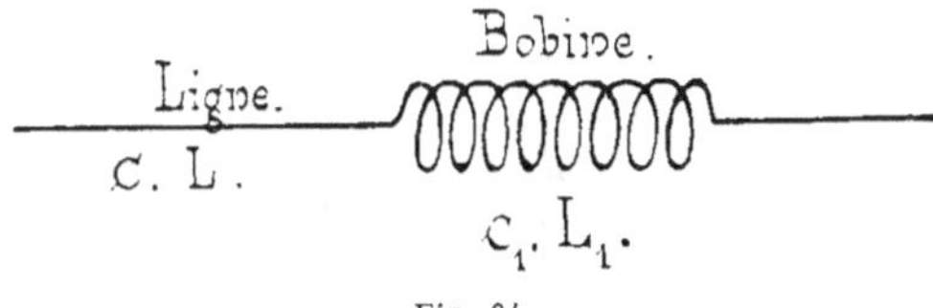

Fig. 94.

rapport du courant à la tension de l'onde arrivant à la bobine ; celle-ci sera donc réfléchie et formera un nœud d'intensité et un ventre de tension plus ou moins saillants à l'entrée de la bobine.

D'autre part, l'onde qui pénétrera dans la bobine possédera beaucoup moins d'énergie que l'onde arrivant à la bobine ; on pourra donc l'éteindre suffisamment avant qu'elle parvienne aux machines.

Un raisonnement analogue au précédent ferait voir qu'une capacité tout comme une self a la propriété de réfléchir les ondes à haute

fréquence, mais que l'onde stationnaire forme à l'entrée de la capacité
un ventre de courant et un nœud de tension.

IIIᵉ Partie

Pour terminer, nous allons étudier de plus près le fonctionnement
des parafoudres.

Nous avons vu que des surtensions contre lesquelles il s'agit de
protéger les machines sont d'origine interne ou d'origine externe.
Nous laisserons de côté les premières qui constituent les coups de
bélier électriques, pour nous consacrer exclusivement aux secondes.

Rappelons que les surtensions d'origine externe se subdivisent en
quatre grandes catégories :

1° Coups de foudre directs ;

2° Charges statiques lentes dues à l'induction de nuages chargés ;

3° Charges statiques dues au passage de nuages électrisés ;

4° Oscillations induites dans les fils par les décharges entre nuages
ou entre nuages et terre.

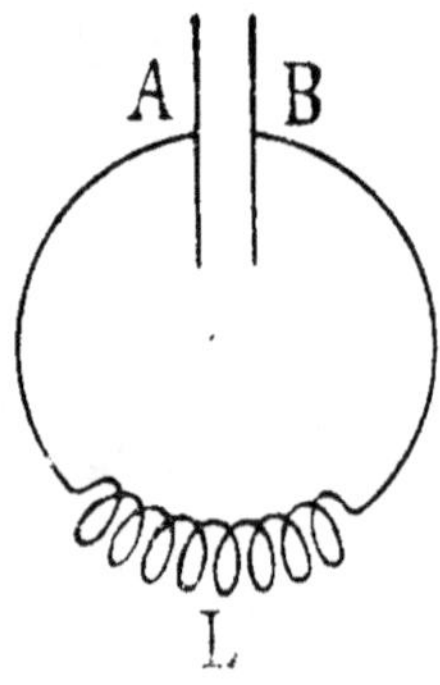

Fig. 95.

On se protège, comme on sait, contre les charges statiques lentes
à l'aide de parafoudres, de résistances ou de selfs d'écoulement.

L'étude du fonctionnement du système parafoudre-ligne se ramène
à celle du fonctionnement d'un oscillateur ; c'est le problème envisagé
par Steinmetz dont nous avons parlé au début de cet ouvrage.

Nous allons donc rappeler brièvement les propriétés des oscilla-
teurs électriques.

Envisageons (fig. 95) un circuit à condensateur de courant stationnaire ALB.

Imaginons que nous écartions les deux plaques du condensateur l'une de l'autre. La capacité diminuera, la fréquence de l'oscillation augmentera et le courant de décharge perdra de son caractère stationnaire. Si nous écartons les plaques jusqu'à redresser complètement le circuit, nous aurons en substance l'oscillateur de Hertz, avec cette différence toutefois que ce dernier aura un trajet d'étincelle en son milieu et que la self-induction sera uniformément répartie sur toute la longueur du circuit.

L'oscillateur de Hertz (fig. 96) possède une capacité à ses extrémités ; son champ électrique est ouvert par opposition aux champs

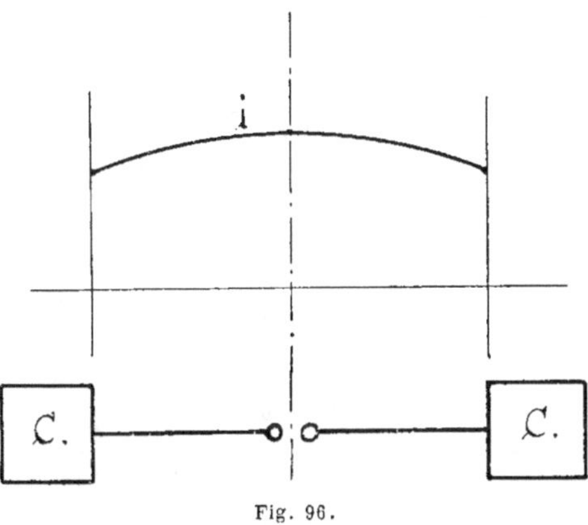

Fig. 96.

fermés des condensateurs. Le courant n'est plus stationnaire, mais est plus intense au milieu de l'oscillateur qu'à ses extrémités ; la fréquence, toutes choses égales d'ailleurs, est plus élevée que dans un circuit à condensateur.

Si nous supprimons les capacités des extrémités de l'oscillateur de Hertz, nous obtenons l'oscillateur linéaire (fig. 97).

La fréquence, à égalité de dimensions, est plus élevée dans l'oscillateur linéaire que dans l'oscillateur de Hertz ; le courant présente un ventre d'oscillation au milieu et deux nœuds aux extrémités de l'oscillateur. La longueur d'onde est égale au double de la longueur de l'oscillateur.

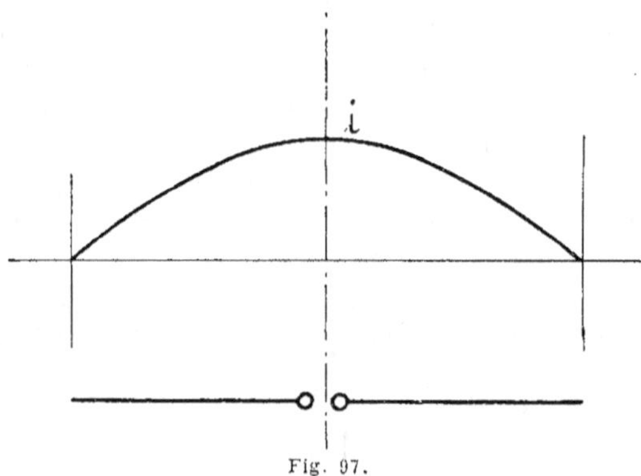

Fig. 97.

Ceci posé et supposant toujours le trajet d'étincelle au milieu de l'oscillateur, remplaçons-en une des moitiés par une grande capacité, la terre par exemple (fig. 98).

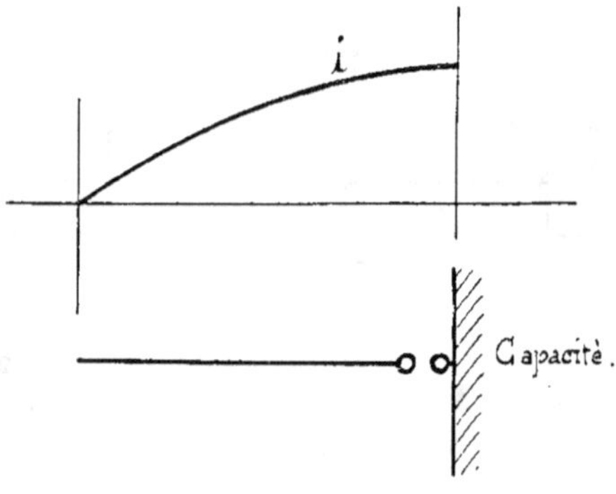

Fig. 98.

Le ventre de courant sera à l'entrée de cette capacité. Le phénomène sera donc identique à celui observé sur un oscillateur de longueur double que l'on obtiendrait par réflexion contre la paroi de la capacité de la moitié de l'oscillateur linéaire, cette paroi étant, en vertu de la loi des images électriques, assimilée à un miroir.

Abordons maintenant le problème des parafoudres. La ligne forme, avec la terre comme miroir, un oscillateur de plus ou moins grande capacité (fig. 99) dont les caractéristiques se rapprocheront davantage, suivant les cas, de celles de l'oscillateur de Hertz ou de l'oscillateur linéaire.

Si, comme l'a fait Steinmetz, nous supposons une ligne à un fil mise à la terre à une de ses extrémités, les parafoudres seront dans le cas particulier le trajet d'étincelle de l'oscillateur.

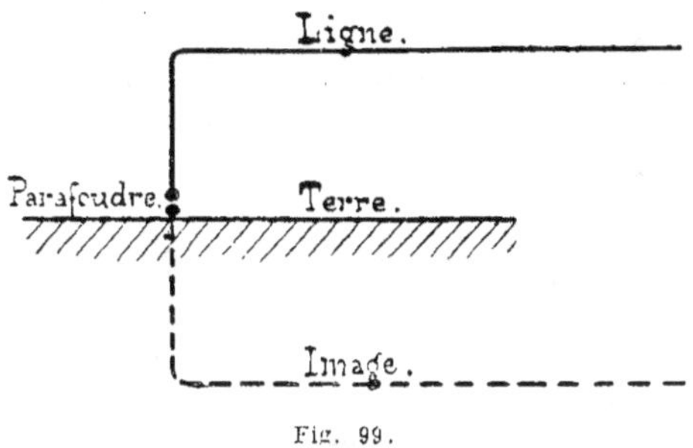

Fig. 99.

Des considérations précédentes résulte :

1° Que les parafoudres et les résistances d'écoulement ont qualitativement le même effet, mais non quantitativement, le parafoudre laissant la ligne se charger à un potentiel V, autrement dit emmagasiner une quantité d'énergie potentielle souvent considérable avant qu'une étincelle disruptive mette l'oscillateur en action ; les résistances d'écoulement présentent donc à cet égard un avantage marqué ;

2° Parafoudres et résistances d'écoulement présentent toujours une valeur ohmique élevée ; cette résistance, que l'on détermine comme nous l'avons vu, est toujours telle que l'on soit sûr que la résistance critique de l'oscillateur est atteinte ; on n'a plus dans ce cas qu'une décharge apériodique, qui a lieu de fil à terre ;

3° Par contre, lors de l'emploi de selfs d'écoulement, la résistance entre ligne et terre est faible. L'oscillation, si la ligne chargée par influence est abandonnée à elle-même, sera périodique ; la longueur

d'onde fondamentale sera approximativement égale au quadruple
de la longueur de la ligne ; la fréquence de cette onde n'atteindra
donc jamais une valeur élevée. Cette oscillation fondamentale sera
en outre accompagnée d'oscillations de fréquences supérieures moins
importantes.

En pratique, un réseau comprend une ligne et des machines et il y a
lieu de considérer un second circuit constitué par les machines et les
parafoudres ou les résistances d'écoulement. Ce circuit est analogue
à un circuit à condensateur ; il est couplé à l'oscillateur formé par la
ligne, le parafoudre et la terre.

On entend fréquemment dire que la résistance de ce circuit doit
être plus élevée que la résistance critique de façon à éviter la résonance
avec une des harmoniques de la f. e. m. du réseau. En réalité, même
pour des résistances inférieures à la valeur critique, les dangers de
la résonance ne sont guère à craindre dès que l'amortissement atteint
une valeur suffisante.

Protection contre les ondes à haute fréquence.

Lorsqu'une décharge disruptive éclate entre nuages ou entre nuages
et terre, une grande partie de l'énergie qui se trouvait à l'état potentiel
lors de la charge statique des nuages rayonne dans l'espace environnant
sous forme d'ondes électromagnétiques. Le champ électrique alternatif
de ces ondes venant à rencontrer une ligne de transmission induira
dans celle-ci une oscillation dont l'amplitude sera proportionnelle à la
composante du champ électrique dans le sens de la ligne. Cette onde
se propagera le long de la ligne, ou plutôt à l'extérieur de celle-ci.
la ligne ne faisant que la guider. Si aucun moyen de protection n'était
prévu, elle parviendrait aux machines et déterminerait des ruptures
d'isolant. En effet, plus la fréquence est élevée, plus la longueur
d'onde devient faible. Or, pour les fréquences qui nous intéressent,
la longueur d'onde descend souvent à quelques mètres seulement.
ce qui fait qu'entre deux points d'une même machine. séparés par
quelques mètres de fil, peut régner la tension totale de l'onde. On
conçoit que, dans ces conditions, des enroulements dimensionnés pour
des différences de tension normales subissent des ruptures d'isolant.

En réalité, les phénomènes sont toutefois plus compliqués. Nous
avons vu, en particulier, que la vitesse de propagation de l'onde

dépend du rapport de la capacité à la self-induction par unité de longueur ; plus ce rapport est élevé, plus la vitesse de propagation est faible. Tout changement brusque de ce rapport entraîne une réflexion partielle de l'onde ; il en serait ainsi en particulier à l'entrée d'une machine non protégée, mais l'onde n'étant réfléchie que partiellement, une partie pénétrerait néanmoins dans l'enroulement avec une longueur d'onde plus faible, ce qui augmenterait les dangers de crevaisons. En outre nous avons supposé une ligne à un fil ; en pratique il n'en est jamais ainsi mais ce qui précède ne s'en trouve pas modifié. Le champ électrique alternatif agissant sur un faisceau de fils courant parallèlement, induit dans chacun d'eux des ondes qui se dirigent simultanément vers les machines ; ces ondes, si elles ne rencontraient aucun obstacle à leur propagation, se réfléchiraient au milieu des machines, tout comme si la ligne était coupée à une extrémité. Enfin toute oscillation agissant sur un oscillateur détermine dans celui-ci l'apparition de deux ondes différentes : l'une de la période propre de l'oscillateur, l'autre de la période de l'onde agissante ; nous n'avons parlé que de cette dernière, la fréquence de l'oscillation propre étant moins élevée que celle de l'oscillation forcée.

Pour se protéger contre les ondes à haute fréquence on a préconisé jusqu'ici l'emploi de *selfs*, de *condensateurs* et de *parafoudres*.

Selfs. — La propriété des selfs de réfléchir les ondes à haute fréquence a été étudiée précédemment ; nous n'y reviendrons donc pas ;

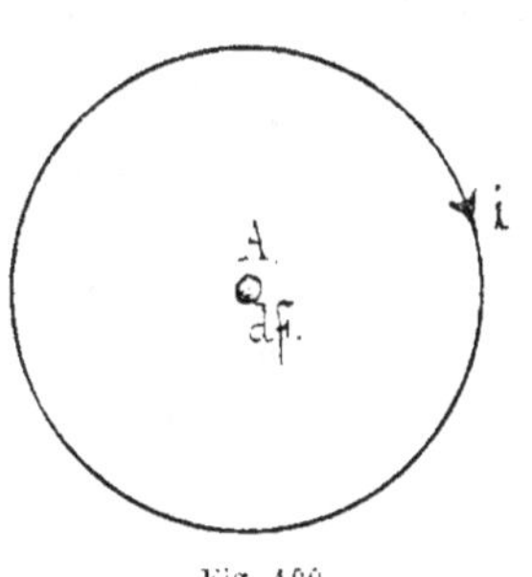

les points sur lesquels nous désirons insister ont trait à la construction et à l'installation de ces appareils.

Nous avons vu que la réflexion est d'autant plus parfaite que le rapport de la capacité à la self-induction par unité de longueur est plus faible ; il faut donc augmenter la self-induction si l'on ne peut diminuer la capacité.

La self-induction pour courant stationnaire est égale, par définition $\int H df$,
où H représente le champ créé par le

Fig. 100.

courant i en un point quelconque A situé à l'intérieur d'un circuit, et df un élément de surface (fig. 100).

Pour augmenter la self-induction d'une bobine, il faut, d'une part, augmenter le champ à l'intérieur de celle-ci et d'autre part la surface de ses spires.

Le champ dans l'axe et au milieu d'une bobine de longueur finie est donné pour un courant constant par :

$$H = (4\pi - c)ui,$$

où u représente le nombre de spires par unité de longueur, i le courant en unités absolues et c une correction à apporter pour tenir compte de la longueur finie de la bobine ; cette correction est, comme l'on sait, égale à la projection des bouts de la bobine sur la sphère de rayon 1.

Le champ sera, toutes choses égales d'ailleurs d'autant plus fort que le nombre de spires par unité de longueur sera plus élevé. Il y a donc un avantage considérable à rapprocher les spires d'une self de protection les unes des autres. Si on calcule d'autre part la valeur de la correction pour différents rapports de la longueur au diamètre de la bobine on voit qu'on peut sans diminuer beaucoup leur action, utiliser des bobines relativement courtes ; cette conclusion est justifiée en outre par le fait que le champ qui nous intéresse n'est pas celui créé au milieu de la bobine mais celui créé à son entrée, lequel est toujours plus faible.

On voit d'après ce qui précède que l'on obtient une protection très médiocre avec des selfs très allongées et de petit diamètre. Le point le plus important est le diamètre et si souvent les selfs sont sans effet, c'est qu'elles sont, dans l'immense majorité des cas, dimensionnées d'une manière insuffisante ou irrationnelle.

On voit, dans beaucoup d'installations, plusieurs selfs disposées en série sur le même fil, ce qui constitue une erreur ; nous avons vu, en effet, que la réflexion des ondes a lieu à l'entrée de la première self. L'onde qui néanmoins passe à travers celle-ci n'est guère absorbée par les suivantes, les selfs ne rayonnant que très peu d'énergie comme nous l'avons vu. Il ne faut compter que sur leur résistance ohmique ; un fil linéaire de même résistance est par conséquent plus efficace, à cause de son rayonnement.

On a souvent songé, en vue d'augmenter le coefficient de self des bobines, de pourvoir celles-ci de noyaux de fer. L'emploi du fer ne présente que peu d'intérêt quant à l'augmentation du flux, mais peut être très indiqué pour absorber les ondes qui pénètrent dans les bobines ou tout au moins pour leur enlever la possibilité de nuire.

Pour de hautes fréquences, le renforcement du flux dû à l'introduction de noyaux de fer est faible ; cela tient aux deux raisons suivantes :

1° La perméabilité du fer est, pour des oscillations rapides, considérablement plus faible que pour des oscillations lentes ou un champ stationnaire ; alors qu'elle atteint 3000 fois la valeur de celle de l'air pour des oscillations lentes et des champs moyens, pour de hautes fréquences ($f > 10^6$ par seconde) elle tombe à 100 et au-dessous.

2° L'amplitude de l'induction magnétique n'est plus, comme pour les oscillations lentes, inversement proportionnelle à la résistance magnétique du circuit, qui est alors égale à l'impédance magnétique, mais elle est plus faible, l'impédance étant pour de hautes fréquences plus forte que la résistance et cela d'autant plus que la fréquence est plus élevée.

L'impédance étant proportionnelle à la racine carrée de la fréquence, il existera pour chaque section des fils ou lames de fer employés une valeur de la fréquence pour laquelle le rapport du flux avec fer au flux sans fer deviendra égal à un. Pour toutes les fréquences plus élevées, l'introduction de fer diminuera le flux d'induction.

Toute induction d'un circuit magnétique provoque une perte d'énergie. Celle-ci se décompose en deux facteurs : la perte par courants de Foucault et la perte par hystérésis. Dans le cas d'oscillations rapides, la première est de beaucoup la plus importante ; elle augmente, à induction égale, proportionnellement au carré de la fréquence. La loi de variation de la perte par courants de Foucault en fonction des dimensions des fils de fer n'est pas la même pour les oscillations rapides que pour les oscillations lentes.

Si on effectue le calcul des pertes par courants parasites pour une même force magnétomotrice extérieure m_c, c'est-à-dire la perte pour un même courant dans l'enroulement de la bobine, on arrive au résultat que :

La perte d'énergie est d'autant plus grande que le rayon des fils de fer constituant le noyau de la bobine est plus petit.

Ce résultat, paradoxal au premier abord, s'explique par le fait que dans des fils relativement épais, l'induction est très faible à cause

de l'impédance magnétique, très élevée pour de hautes fréquences ;
or, la perte par courants parasites est proportionnelle au carré de
l'induction.

De ce qui précède, on peut conclure :

1° Qu'il est bon de munir les bobines de self de noyaux à fils de fer
très fins. Ces noyaux consommeront, aux oscillations lentes, une
quantité d'énergie d'autant plus faible et éteindront les oscillations
à haute fréquence qui pénétreront dans les bobines d'autant plus
facilement que le diamètre des fils de fer employés sera plus petit.

**De l'emploi des condensateurs, comme moyen de protection contre
les ondes à haute fréquence.** — Nous avons vu qu'une onde électromagnétique à haute fréquence arrivant à l'entrée d'une capacité
s'y réfléchit tout comme à l'entrée d'une self mais en formant, cette
fois-ci, un ventre de courant et un nœud de tension. Les relations
sont donc inverses de celles d'une self.

Si donc on supposait (fig. 101) un condensateur C inséré sur la
ligne, toute onde y arrivant s'y réfléchirait comme à l'entrée d'une

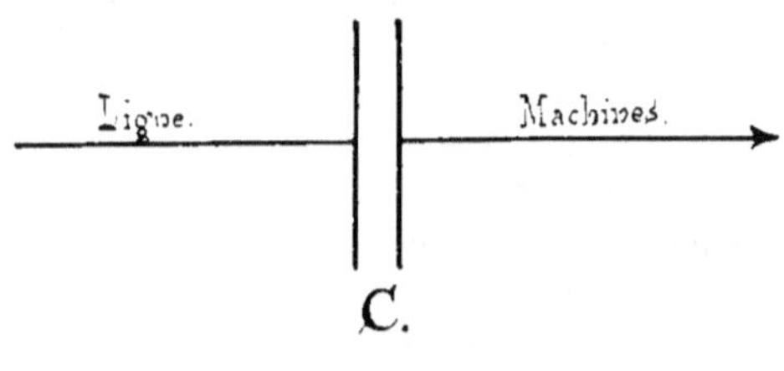

Fig. 101.

self et cela d'autant plus parfaitement que la capacité du condensateur serait plus élevée.

En pratique, pour ne pas interrompre la ligne, on est obligé de disposer les condensateurs en dérivation sur la ligne et de relier leur
autre armature à la terre. On se trouve donc dans le cas d'une ligne
conduisant directement aux machines et d'une dérivation comportant
deux capacités en série : le condensateur et la terre (fig. 102).

Toute onde arrivant en A se fractionne en deux parties : l'une se rend aux condensateurs, s'y réfléchit et forme une onde stationnaire qui disperse son énergie par rayonnement, l'autre progresse vers les machines. C'est pour cela que l'on voit souvent des selfs installées

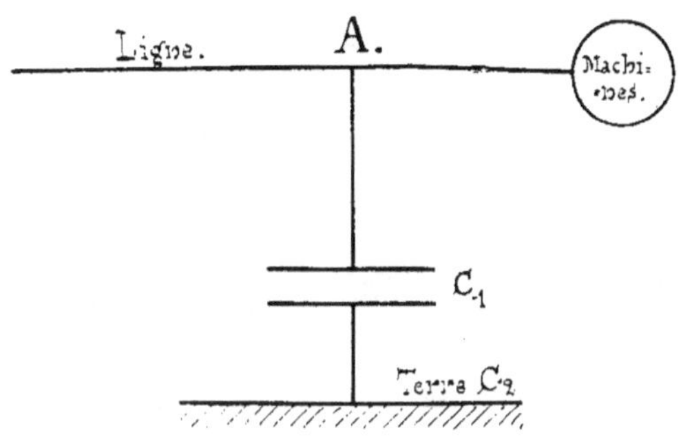

Fig. 102.

sur la ou les lignes conduisant aux machines. On ne doit toutefois pas perdre de vue qu'en utilisant ce double moyen de protection on associe des selfs et des condensateurs en quantité et que toute oscillation venant de l'extérieur déterminera des oscillations propres dans le système Machines, Selfs, Condensateurs, Terre.

TABLE DES MATIÈRES

Pages

Pap., Grav. et Imp. L. GEISLER
aux Châtelles, par Raon-l'Étape (Vosges)
1, rue de Médicis, Paris